KB091226

과학이 나를 부른다

과학이 나를 부른다

APCTP 기획

과학과 인문학의 경계를 넘나드는 30편의 에세이

사이언스
SCIENCE
BOOKS 북스

우리에게 과학이란 무엇인가?

아시아태평양이론물리센터(APCTP)는 아시아 태평양 지역을 대표하는 국제 연구소로 1996년에 한국에 유치되었다. 매년 중국, 일본, 대만, 베트남 등 13개 회원국을 포함한 아시아 태평양 지역뿐만 아니라 미국, 유럽 등 전 세계로부터 최고의 두뇌 2000여 명이 이곳을 찾아온다. 센터에서 함께 지내며 우주론, 끈 이론, 양자 정보론, 생물물리학 등 첨단 물리학 주제에 대해 다양한 학술 행사를 개최하고 국제적인 공동 연구를 수행하기 위해서이다.

센터의 핵심 시설은 첨단 연구 기기를 갖춘 현대적인 실험실이 아니라, 편안하고 아늑한 카페 분위기의 'Common Room'이다. 휴게실이라는 뜻을 가진 이 이름은 영국의 티타임 전통에서 유래한 것인데, 함께 차를 마시고 교유하며 상호 관심사에 대해 자유롭게 대화하고 토론하는 공간임을 뜻한다. 일반 카페나 휴게실과 다른 점이 있다면 커다란 칠판이 있다는 점이다. 센터를 방문한 학자들은 이 칠판 앞에서 우주의 기원, 블랙홀, 모든 힘을 통합하는 만물 이론 등 물리학의 핵심 주제에 대한 진지한 토론을 벌인다. 한편 소파에서는 젊은 이론 물리학자와 원숙한 석학 사이에 이론 물리학의 세계적인 흐름에서 각자의 세계관까지, 폭넓고 진솔한 대화가 진행된다.

이러한 자유로운 토론 공간의 존재 덕분에 상호 창발적 아이디어의 교환과 활발한 검증이 이루어지며, 물리학의 혁명적인 진보의 계기가 만들어진다. 또한 전 세계에서 모여든 다양한 배경의 과학자 간에 상호 이해와 협력의 네트워크가 구축되고, 과학계를 아우르는 공동체 의식의 형성과 확산으로 이어진다. 그간 아쉬운 점은 이러한 자유로운 토론과 교류를 통한 과학 문화 형성의 장이 주로 과학계 주변에만 머물러 왔다는 것이다. 이러한 인식에 따라 센터는 다양한 과학 커뮤니케이션 프로그램을 'Common Room'에서 개최하며, 이 공간을 일반 대중과도 공유하고 있다.

2005년 10월에 창간된 웹진 《크로스로드》는 과학의 전통적인 경계를 넘어 대중과 사회와 소통하기 위해 사이버 공간에 마련된 장이다. 이러한 새로운 장을 활용하여 과학자들이 인문학자들, 더 나아가 대중과, 사회와 소통하기 위해 다양한 시도들을 행하고 있다. 특히 《크로스로드》의 에세이는 과학과 인문학의 소통에 초점을 맞추고 있다. 이 책은 이러한 소통과 교유의 산물이다.

과학의 안과 밖, 그리고 변경 지대에서 과학의 부름을 받은 이들은 이 자리를 통해서 '우리에게 과학이란 무엇인가?'라는 화두에 나름의 답을 제시하고 있다. 여기서는 동양 철학에서 이론 물리학과 진화 심리학까지 폭넓은 배경, 소설가에서 과학 교사와 전문 연구자까지 다양한 위치를 배경으로 한 한국 대표 지식인들의 과학에 대한 '이야기'를 들을 수 있다. 어떤 이는 과학에 대해 불평하고 어떤 이는 과학의 미래를 긍정하고 칭송하지만 이 이야기들이 한데 모여 과학

과 인문학, 과학계와 사회의 상호 이해를 더욱 깊게 할 것임을 의심
치 않는다.

이 책에서 이루어지는 과학자와 인문학자의 크로스오버 시도는
매우 신선하고 의미가 크게 다가온다. 이를 계기로 서로 다른 '두 문
화'의 융합이 좀 더 빠르게 진행되어 새로운 '통섭'의 물꼬를 터는 데
공헌하기를 기대해 본다.

김승환 한국과학창의재단 이사장
서울 대학교 물리학과를 졸업하고 미국 펜실베이니아 대학교 물리학과에서 박사 학위를
받았다. 코넬 대학교 및 프린스턴 고등 연구소 연구원, 국제 물리 올림피아드 실무 간사,
포항 공과 대학교 연구처장, 아시아태평양이론물리센터 소장 등을 역임하고 현재 포항
공과 대학교 물리학과 교수로서 아시아태평양 물리학 연합회 회장, 한국 물리학회 회장,
한국과학창의재단 이사장으로 있다.

인문학과 자연 과학의 하모니를 꿈꾸며

영국 출신의 과학자 C. P. 스노의 강연집인 『두 문화』 덕에 인문학과 자연 과학의 갈등과 반목을 상징하는 낱말로 '두 문화'가 널리 알려졌다. 양 진영이 몰이해는 물론이거니와 적의와 혐오가 가득한 채 갈라져 있다는 것이다. 경험적으로 보아도 이런 진단은 옳아 보인다. 인문학은 자연 과학이 일구어 낸 최신의 성과를 잘 이해하지 못하는 듯하고, 자연 과학은 인문학에 아예 관심이 없는 듯하다. 하지만 이런 생각은 기실 표면적인 현상만 주목한 결과일 뿐이다. 세계 지성사에서 과학 혁명이 인문학에 미친 영향을 따져 보고, 그 같은 혁명이 가능했던 철학적 바탕을 살펴보면 두 문화 사이에 건너뛸 수 없는 간극이 있다고 함부로 말할 수는 없다.

아시아태평양이론물리센터(APCTP)가 발간하는 웹진 《크로스로드》의 정신도 두 문화의 차이보다 두 문화의 교류와 혼융에 더 깊은 관심을 두고 있다. 이미 제호가 그것을 웅변하고 있거니와, 웹진의 편집 원칙도 여기에 초점을 맞추고 있다. 특별히 웹진에 연재되고 있는 에세이는 창간 초기에는 과학자들이 주요 필진을 이루었으나, 시간이 흐르면서는 아예 인문학자의 글과 과학자의 글을 함께 실었다. 비록 한자리에 모여 얼굴을 맞대고 현안을 놓고 토론하는 형식은 아니지만, 서로 다른 사유를 하고 있는 사람들의 내면 세계를 이해할 수 있는 공론의 마당을 만들려고 애를 쓴 것이다.

과학과는 인연이 먼 내가《크로스로드》편집 위원이 된 것은 정재승 카이스트 교수의 권유 때문이었다. 아시아태평양이론물리센터에서 올해의 과학책을 선정하고 발표하는 첫 자리에 불려 간 적 있는데, 에세이 담당 편집 위원을 맡아 달라 했다. 인문학에 대한 관심과 조예가 깊고, 과학 대중화를 위해 애쓰는 정 교수의 부탁을 거절할 수 없던 데다, 편집 회의 때 귀동냥으로나마 과학에 대한 지식을 넓히고 싶다는 욕심에 분에 넘치는 일을 맡고 말았다.

기왕 함께 만들기로 한 바에 나는 웹진 에세이 성격을 색다르게 하고 싶었다. 너무 익숙한 비유라 식상하기는 하나, 우리의 과학 문화가 고급 자동차가 되려면 기존의 최고 속도를 넘어서는 강력한 가속 페달을 장착하는 것은 물론 이 자동차와 운전자의 안전을 지켜 주는 제동 장치 역시 중요하다는 점을 알리고 싶어서였다.

말하자면《크로스로드》의 에세이를 창문 삼아 과학자들이 최고 속도를 갱신하려고 그야말로 불철주야 연구하는 세계에 대해 알려 준다면, 인문학자들은 여기에 속도의 의미와 가치, 예상 위험 요소라는 브레이크를 달아 주기를 바란 것이다. 그래서 원고 청탁을 할 적마다 과학자들에게는 "연구자이자 교육자로서 현장에서 느낀 감상이나 일화 등을 에세이 형식으로 풀어" 달라 했고, 인문학자들에게는 "최근 지적 관심사를 배경으로 (넓은 의미의) 과학을 주제로 한 칼럼 형식의 글"을 써 달라 했다. 무척 헐렁한 청탁이었는데, 놀랍게도 청탁받은 분들은 그 뜻을 정확히 파악해 치밀하고 문제적인 글을 보내 주었다. 어찌 보면, 이분법적인 의도라는 혐의에서 벗어나지 못한 면이 있지만 그동안 우리 과학자들은 자신들의 생각을 일반인들에게 널리 알리지 못했다는 갑갑증이 있던 반면, 인문학자들은 과학에 말을 걸고 싶어 했다는 사실을 입증하고 있는 셈이다.

그렇다고 과학자들의 글이 자기 만족과 자기 홍보에 치중하고 있느냐면, 그렇지는 않다. 과학의 최전선에서 일어나는 흥미롭고 새로운 지식을 알려 줄 뿐만 아니라 우리 과학과 과학자가 놓인 자리에 대한 성찰, 그리고 다음 세대가 과학과 더 가까워지기 위한 방법에 대한 고민을 솔직하게 털어놓았다. 인문학자들도 과학을 의구심의 눈초리로만 바라보지는 않았다. 과학이 던진 질문에 대한 진지한 모색이 있었고, 과학에서 배워야 할 것이 무엇인지 밝혀 놓았으며, 동양이 과학을 받아들인 태도에 대한 성찰도 있었다.

필자들로서는 곤혹스러운 일이었을지도 모른다. 과학자 처지에서 보자면, 연구와 교육으로 눈코 뜰 새 없이 바쁜 데다 에세이 형식의 글을 자주 써 본 적이 없어 부담이 컸을 터다. 인문학자 입장에서도 과학을 주제로 글을 쓸 기회가 그리 많지 않았는지라 글쓰기를 꺼려했을 법하다. 그럼에도 소통과 대화, 그리고 논쟁을 위한 첫걸음을 흔쾌히 내딛어 주었다. 이 자리를 빌려 다시 한번 감사의 마음을 전한다.

『과학이 나를 부른다』는 웹진 《크로스로드》에 실린 에세이 가운데 책 제목에 걸맞은 주제를 다룬 글 30편을 골라 묶은 것이다. 1부 「과학 밖에서」는 주로 인문학자들이 과학에 대해 쓴 글을 모았다. 2부는 「과학의 변경 지대에서」인 바, 두 영역의 학자들이 한데 모여 있어 과학과 인문학 사이에서 겪는 고뇌를 엿볼 수 있다. 특별히 2부에는 다양한 이력의 필자들이 포진해 있어 우리 과학 문화가 한층 두터워졌음을 드러낸다. 과학자들의 글이 실린 3부 「과학 안에서」에는 지금 이곳에서 과학하기의 어려움과 기쁨, 미래가 잘 담겨 있다.

책에 실린 글들을 다시 보니, 무척 흥미로운 사실을 알 수 있었다. 웹진에 글이 올라와 있을 적에는 상당히 카오스적이라고 느꼈다. 하나, 이 글들을 주제별로 분류하고 배열하니 의외로 코스모스적이라는 인상을 받았다. 자화자찬이라 꾸중 들을 수도 있으나, 웹진을 만들고 책을 준비하는 과정에서 나도 모르게 과학을 한 것이라는 생각이 들었다. 그 작은 기쁨을 이 책을 읽고 우리에게 과학이란 무엇인지 고민할 독자들도 누리기를 기대해 본다.

이권우 도서 평론가

경희 대학교 국문학과를 졸업하고 《출판저널》 편집장을 거쳐 도서 평론가로 활동 중이다. 『책읽기의 달인, 호모 부커스』, 『책과 더불어 배우며 살아가다』, 『각주와 이크의 책읽기』, 『어느 게으름뱅이의 책읽기』 등을 썼다.

차례

과학 밖에서

과학의 변경 지대에서

과학 안에서

과학 밖에서

아무리 도수 높은 안경을 쓰더라도 자신의 얼굴을 볼 수는 없는 노릇이다. 거울이 있어야 비로소 비추어 볼 수 있다. 흔히 성찰과 거울 바라보기가 같은 의미로 쓰이는 이유가 여기에서 비롯된다. 과학과 인문학은 갈등과 경쟁, 그리고 혐오의 짝패가 아니다. 마주 서서 상대를 비추어 주는 데서 서로의 존립 근거를 찾을 수 있다. 여기에 실린 글들은 과학 바깥에서 과학의 안을 살펴보고 사유한 결과이다. 진정 우리에게 과학은 무엇이고, 이것이 우리 사회와 삶의 문맥에 들어올 적에 어떤 일이 벌어지는지를 곱씹어 보고 있다. 절대적이고 확고부동한 것에 주눅 들지 않고 의미 있는 질문을 던진다는 점에서 이 글들은 흥미롭게도 과학의 정신을 실현하고 있다.

가장 과학적인 것이 가장 문학적이다
어느 소설가의 과학 짝사랑 이야기

나는 초등학교 시절부터 세계 문학을 줄줄이 읽은 문학 천재도, 그렇다고 수천 권의 무협지를 섭렵한 이야기꾼의 기질도 지닌 바 없었다. 물론 나는 독서를 좋아했다. 초등학교 3학년이던 내가 수십 번씩 되풀이해서 읽은 책은 코난 도일의 추리 소설이었다. 그다음에는 모리스 르블랑과 애거서 크리스티였다. 초등학교 내내 추리 소설만 읽던 내가 다른 장르에 눈을 뜨게 된 것은 중학교에 들어가고 나서부터였다.

나는 상업 고등학교에 부록처럼 딸린 작은 중학교를 다녔다. 소위 '뺑뺑이'를 돌려서 들어간 학교였는데, 거기 배치받은 학생들은 모두 울상이었다. 내 고향은 비평준화 지역이어서 고등학교 입시가 인생의 모든 것을 결정하는 분위기에서 자랐다. 그런 점에서 보자면, 그 중학교에 입학한다는 것은 좋은 고등학교에 들어가기가 매우 어렵다는 사실을 뜻했다. 아나나 다를까, 입학해 보니 선생님들도 학생들에게 공부를 강요할 마음이 그다지 없는 것 같았다.

덕분에 중학교 신입생 시절, 나는 내 인생에서 가장 학생다운 학

19

생으로 살아갈 수 있었다. 오후 2시면 수업이 모두 끝났기 때문에 우리는 마음껏 축구를 하거나 자전거를 타고 강으로 가서 수영을 하거나 뒷산에 올라가 살구 따위를 따면서 놀았다. 그 시절에 나는 교내 도서관에서 무료로 얼마든지 책을 빌려 볼 수 있다는 사실을 알고는 세상이 확 바뀌는 듯한 느낌을 받았다. 지금도 나는 주위에 책을 빌려 볼 수 있는 도서관만 있다면 인생에 아무런 문제가 없다고 생각하는 종류의 사람이다.

도서관에는 당시 용어로 '공상 과학 소설' 전집이 비치되어 있었다. 처음에는 별다른 생각 없이 빌렸다가 결국에는 매일 두 권씩 소설을 빌려 읽게 됐다. 그때 읽은 공상 과학 소설은 대부분 우주를 배경으로 설정했다. 문어처럼 생긴 외계인이나 광속으로 우주 여행을 하는 지구인들이 나왔다. 그 전집을 모두 읽었지만, 지금 생각나는 건 모든 물질을 녹여 버리는 우주 물질에 대한 이야기뿐이다. 다른 행성에서 그 액체를 발견한 지구인들은 지구의 쓰레기 문제를 해결할 수 있는 획기적인 발견이라고 생각하고 액체를 지구까지 가져가려고 한다. 하지만 문제는 모든 걸 다 녹여 버리니 어디 담아갈 수가 없다는 점이었다. 고민 끝에 지구인들이 발견한 해답이란 바로 행성의 흙으로 용기를 만든다는 것. 그게 나로서는 정말 상상하지도 못했던 기발한 생각이었는지 여태 나는 그 이야기를 기억하고 있는 것이다.

추리 소설이나 과학 소설을 좋아하는 건 나의 기질 탓인지도 모른다. 그 기질이란 귀납적 태도를 뜻한다. 수없이 반복되는 실험과 무수한 데이터를 통해서 얻어지는 결론이 아니라면 나는 결론을 잘 신뢰하지 않는다. 언제나 추상적인 것들보다는 구체적인 것들에 끌리는 성향 덕분에 나는 자연스럽게 이과를 전공하리라 마음먹었다. 사춘기의 급진성 때문이었겠지만, 일단 이과를 전공하겠다고 마음먹은 뒤부터 나는 서사를 꽤 싫어했다. 나중에 나는 '공상 과학 소설'에서 '공상'이라는 단어가 떨어져 나간 것을 두 손을 들어 환영했는데, 그 까닭도 공상이라는 말이 주는 비현실적이고 추상적인 느낌을 싫어했기 때문이다. 내가 보기에는 서사가, 더 나아가서는 인문학이 바로 그 공상이라는 말과 닮아 있었다.

그즈음 나는 내가 왜 태어나야만 했는지 하는 의문에 사로잡혀 있었다. 그 의문을 해결하지 못하면 단 1초도 살아갈 수 없을 것만 같은 답답함이 온몸을 감쌌다. 그런 의문을 가슴에 품고 살게 되면, 웬만한 글들은 모두 시답잖게 여겨지게 된다. 그나마 그즈음 유행하던 『단(丹)』이나 크리슈나무르티, 라즈니쉬 하는 사람들의 명상서 정도가 눈에 들어왔다. 책들을 읽으면, 이런 답답한 삶은 의미가 없으니 죽어 버려야겠다는 식의 비관적인 마음은 사라졌지만, 의문 자체가 해결되지는 않았다.

명상서를 빼고 내가 열심히 읽은 책은 전파과학사에서 나온 문고본들이었다. 고향 김천에서는 그 책들을 구할 수 없었기 때문에 대구에 나갈 일이 있으면 제일문고처럼 큰 서점에서 한두 권씩 사서 모았다. 전파과학사의 문고본들이 과학적으로 대단한 지식을 담은 것은 아니었다. 하지만 숫자와 원소 기호와 수식으로 가득한 문고본들을 읽는 동안에는 적어도 답답함은 없었다. 왜냐하면 숫자와 원소 기호와 수식으로 설명하는 한 나는 저자가 말하고자 하는 바를 명정하게 이해할 수 있었기 때문이다. 나는 염화나트륨이라는 글자보다 $NaCl$이라는 기호를 더 좋아했다. 염화나트륨과 달리 $NaCl$은 결국 둘로 나뉠 것인데, Na와 Cl이 이후에 다른 원자가 결합해 어떤 물질로 바뀐다고 하더라도 나는 그 물질 안에 들어 있는 Na나 Cl을 알아볼 수 있기 때문이다.

그때 읽은 과학 문고본 중에 『태초의 3분간』이라는 책이 있었다. 빅뱅이 일어나고 처음 3분간에 일어난 일들을 다룬 책이었다. 그 책을 발견하고 얼마나 가슴이 설렜는지 모른다. 예수나 부처나 마호메트 정도는 내가 태어나게 된 까닭을 알고 있는지 모르지만, 내가 그 까닭을 알아내는 건 사실상 불가능하다는 걸 나는 이미 어렴풋이 눈치 채고 있었다. 아무리 책을 읽어 본다고 한들 그 까닭을 알아낼 수는 없다. 그런데 어쩌면 내가 태어난 이유는 알 수 없어도 빅뱅이 일어나고 몇 분간에 일어난 일들에 대해서는 알 수 있지 않을까? 그것도 수식으로 말이다. 그렇다면 혹시 이 우주가 왜 생겨났는지도 알 수 있지 않을까? 그건 내가 태어난 이유를 아는 것보다 더 중요한 문제가 아닐까?

그렇게 해서 나는 천문학과에 가고야 말겠다고 결심하게 됐다. 입학 원서를 쓸 때가 되니 담임 선생님은 그런 점수로 천문학과에 간다는 건 있을 수 없는 일이라며 내게 한의대를 권했는데, 나는 해부가 싫다는 이유로 절대로 의대 쪽은 갈 수 없다고 대답했다. 그러자 선생님이 내게 "뒷산에 가가꼬 약초 캐서 봉다리에 넣어 팔면 되는데 뭐가 문제가?"라고 다그치던 일이 생각난다. 나는 그런 선생님을 좀 경멸스러운 눈초리로 쳐다봤던 것 같다.

결심한 이상 나는 천문학과에 갈 게 분명하다고 생각했다. 좀 오만했고 자신감이 넘쳤다. 그때 서울 대학교 천문학과에 계시던 현정준 교수에게도 그런 식의 편지를 보내 답장을 받기도 했다. 편지에는 천문학을 전공하겠다니 반갑다면서도 천문학을 공부하는 길은 다양하니까(예를 들어 천문학만큼 아마추어들이 많이 활약하는 분야도 없으니까) 자신에게 맞는 길을 찾으라는 내용이 담겨 있었다. 현정준 교수는 어쩌면 내가 소설가가 될지도 모른다는 사실을 알고 있었던 것인지도 모르겠다. 어쨌거나 나중에 면접할 때도 현정준 교수는 그런 말씀을 내게 했는데, 천문학과가 아니라면 아무것도 필요 없다고 생각하던 내게는 꽤 실망스러운 답변이었다.

그래서인지 어째서인지 시험에 떨어진 뒤 나는 재수를 결심했다가 이내 포기하고 후기 시험에서 계열을 인문계로 바꿔서 영문학과에 들어가게 됐다. 그 뒤부터는 나 자신의 인생을 전혀 이해할 수 없었다. 아마추어 천문가의 꿈마저도 포기한 채, 자포자기의 심정으로 인생은 우연의 연속이라고 생각하며 살았다. 그 뒤로 나는 천문학의 세계를 완전히 외면했다. 사랑하는 여자에게 버림받고 다시는 사랑 따위는 하지 않고 살겠노라고 마음먹고 사는 남자의 심정과 비슷할 것이다. 소설가가 되면서부터는 천문학과 더욱 멀어졌다. 말하자면 나는 그토록 혐오했던 공상의 세계로 들어서게 된 것이니까 이게 무슨 얄궂은 운명의 장난일까 하는 생각마저 들었다.

그러다가 어느 결엔가 소설이야말로 구체성으로 움직이는 세계를 그린다는 사실을 깨닫게 됐다. 내가 소설가가 된 것은 운명의 장난이 아니라 자연스러운 귀결일지도 몰랐다. 예를 들어 플로베르 같은 사람은 하나의 물질에는 하나의 단어가 있으니 소설가는 그 단어를 사용해야만 한다고 주장했는데, 이건 내가 보기에는 원소 기호처럼 또렷한 묘사를 뜻했다. 또 움베르토 에코는 『장미의 이름』을 쓰면서 도면으로 중세의 수도원을 하나 짓고는 등장인물들이 복도를 따라 몇 걸음 걸어가면서 말하는지까지 다 계산했다. 소설은 문자를 이용해 그 구체적인 세계를 아주 세밀하게 들려주거나 보여 주는 예술이었다. 나는 소설이 그런 예술인 줄은 정말 몰랐다. 소설은 공상의 세계가 아니라 상상의 세계였다.

학생들에게 소설을 가르치다 보면 학생들이 공상과 상상을 오해한다는 사실을 느끼게 된다. 나는 학생들의 귀에 딱지가 앉도록 구체적으로 쓰라고 주문하지만, 학생들이 써 오는 글을 보면 젖빛 유리를 통해서 내다본 거리처럼 모든 게 흐릿하다. 20대 젊은이가 거리를 바라보는 시선과 이제 막 전방에 있는 기갑 사단에 복귀해야만 하는 상병이 스타벅스에 앉아서 이슬비가 흩뿌리는 거리를 바라보는 시선은 천지차이다. 그게 언어라고 하더라도 과학 문고본처럼 명징하게 표현하지 않으면 그 무엇도 말할 수 없게 된다.

학생들은 구체적으로 쓰라는 주문에 고통스러워한다. 그렇게 말하면 학생들은 상상력이 방해받는다고 느끼는데, 사실 방해를 받는 건 상상력이 아니라 구체적인 현실을 무시하고 마음대로 생각하는 공상이다. 한번은 태어나면서부터 몸무게가 너무나 가벼워 늘 양쪽 주머니에 20킬로그램짜리 추를 넣고 다니는 사람들에 대한 소설을 읽은 적이 있었다. 그렇다면 그런 사람들의 걸음걸이는 어떨까? 밖에 잘 나가지 않고 집에 있을 때가 많을 텐데, 이 사람들의 성격은 어떨까? 말은 빨리 할까, 천천히 할까? 밥을 먹을 때는 어떨까? 하지만 그 소설에는 이런 질문들에 대한 답변은 없고, 다만 공상에서 시작했으니 계속 공상적인(그러니까 말도 안 되는) 이야기들뿐이었다.

하지만 그게 알레고리 소설이라고 해도, 혹은 판타지 소설이라고 해도 소설인 한 이런 문제를 피해 갈 수 없다. 어느 날 깨어 봤더니 자신이 벌레가 됐다고 한다면 그게 어떻게 생긴 벌레인지, 그 벌레를 보고 사람들은 무슨 반응을 보일지 사실적으로 묘사할 수밖에 없다. 그러므로 소설에서 중요한 것은 사실적으로 묘사해야만 한다는 점, 디테일에서 출발해야만 한다는 점이다. 디테일 없는 상상력은 결국 공상에 그치고 만다. 소설을 쓰겠다고 대학에 진학한 학생들은 이런 이야기를 잘 받아들이지 못한다. 나는 아마도 그 까닭이 소설가를 지망하는 학생들이 수학이나 과학을 싫어한다고 공공연하게 말할 수 있는 분위기 탓이라고 본다.

과학자들은 선천적으로 글을 잘 쓸 수밖에 없는 사람들이다. 여전히 나는 천문학에 관한 책을 많이 읽는데, 거기에는 정말 아름다운 비유들이 많기 때문이다. 과학자들은 자신들이 발견한 구체적인 사실을 글에 쓰지 않을 수가 없으며, 또한 그 구체적인 사실이 어떤 의미를 지녔는지 다른 것에 비유할 수밖에 없다. 이게 바로 내가 학생들에게 요구하는 글쓰기다. 나는 개별적인 것들, 구체적인 것들, 물질적인 것들에서 출발하라고 말한다. 그 다음에는 그것들이 이 세계 안에서 어떤 의미를 지니는지 따져 봐야만 한다. 비유는 우리의 특권이다. 잘 비유할 때 우리는 이 세계를 다른 식으로 상상할 수 있다. 그런데 아쉽게도 이런 글쓰기를 가장 잘하는 사람들은 과학자들이다.

왜 사람들은 소설을 쓰는 일이 과학적으로 사고하는 일이라는 걸 알아차리지 못하는 걸까? 그건 아마도 인문학과 자연 과학을 나누는 오랜 전통에서 비롯한 것일지도 모른다. 그런 탓에 과학이 아니라면 온갖 억측과 강변을 해도 무방하다는 생각이 지배적이다. 지금 당장 신문을 펼쳐 봐도 오직 글이라는 이유로 말도 안 되는 주장을 버젓이 떠들어 대는 사람들이 가득하다. 그러니 세밀하게, 그리고 현실적으로 묘사하지 않아도 괴상한 생각만으로 노벨 문학상 정도는 거뜬히 탈 소설을 쓸 수 있으리라고 막연하게 생각하는 사람들이 너무나 많은 건 당연하다면 당연한 일이다.

좋은 글쓰기란 가장 구체적인 것들을 상정하고 그것들이 합리적으로 서로 간섭하는 과정에서 새로운 보편적 인식을 끌어내는 과정이다. 다시 말하자면 가장 과학적인 것이 가장 문학적인 것이라는 이야기다. 그런 점에서 나는 문장을 여전히 관념적으로 쓰기 좋아하는 한국 문학에 가장 필요한 것이 과학적인 사고라고 생각한다. 좋은 글을 쓰려면 과학책들을 많이 읽어야만 한다는 사실을 학생들이 빨리 알아차리면 좋겠는데, 그게 잘 안 되는 게 요즘 나의 고민거리다.

김연수 소설가

성균관 대학교 영문학과를 졸업하고 1993년 계간 《작가세계》 여름호에 시를 발표하면서 작품 활동을 시작했다. 1994년 「가면을 가리키며 걷기」로 제3회 작가세계 신인상, 2001년 「꾿빠이, 이상」으로 제14회 동서문학상, 2003년 「내가 아직 아이였을 때」로 동인문학상, 2005년 「나는 유령작가입니다」로 제13회 대산문학상, 2007년 「달로 간 코미디언」으로 황순원문학상, 2009년 「산책하는 이들의 다섯 가지 즐거움」으로 이상문학상을 수상했다. 저서로는 장편 소설 『7번 국도』, 『네가 누구든 얼마나 외롭든』, 『밤은 노래한다』, 산문집 『소설가의 일』, 『청춘의 문장들』, 『여행할 권리』, 번역서로는 『대성당』, 『파란대문집 아이들』, 『프랑스 수학자 갈루아』, 『별이 된 큰 곰』 등이 있다.

디카와 그 불만
과학 기술 혁명에 대한 아주 사적인 저항

지난 봄 내게 디카 하나가 생겼다. '생겼다.'라는 말 그대로, 돈 주고 산 것도 아니고 굳이 필요해서 구하려고 애쓴 것도 아닌데 참한 디지털 카메라 하나가 내 손에 들어온 것이다. 해외 지사에 나가 있는 사위가 회사 창립 기념일에 받은 선물로 딸아이가 2개까지 소용이 없다며 내게 인심을 쓴 것이었다. 먼저 그걸 보내도 되겠느냐는 전갈을 받았을 때 나는 좀 떨떠름해했다. 딸은 내게 그리 쓸모 있을 것 같지 않을 선물로 생색을 내기도 하겠지만, 무엇보다 내가 디카를 가지고서는 오히려 불편해지리라 어렴풋하나마 예상되었기 때문이었다. 그럼에도 그것을 받은 이유는 거저 주겠다는데 거절하기도 마땅한 인심이 아니지만, 안 쓰더라도 없는 것보다는 있는 것이 당연히 낫겠고, 무엇보다 스스로도 디카 사용법을 알아 두어야겠다고 생각한 탓이었다.

한창 때 친구들과 국내외를 함께 여행하면 으레 사진들을 찍어 서로 주고받아 왔는데, 몇 해 전부터는 사진들을 인터넷으로 보내거나 CD에 담아 주기 시작했다. 컴퓨터로는 겨우 글이나 쓰는 정도로 컴맹인 나는 묻고 시범을 보아 가며 사진들을 찾아 들여다보기는 했다. 그러다가 사진 자체에 대한 관심이 줄어들기도 했지만, 컴퓨터로 사진 보는 일에 들여야 할 절차와 수고가 귀찮아져서 차츰 게을러졌고 그러다가는 아예 방법을 잊어버려 더러는 염치없이 인화를 해서 사진으로 만들어 달라고 부탁하기까지 했다. 이런 구차한 짓을 그만하기 위해서는 나도 디지털 카메라 사용법을 알아 두어야 하니 그러자면 당연히 먼저 디카부터 있어야 할 것이었다.

딸에게 고맙다는 인사를 보내면서 나는 이제야말로 새로운 기술을 적극 배울 작정을 했다. 디카가 들어오자 둘째 사위를 불러 설명을 듣고 실제로 만져 보며 사진을 찍고 컴퓨터에 저장하는 방법과 인터넷으로 전송하는 방법도 배웠다. 집안에서 이것저것 셔터를 눌러 대다가 며칠 후에는 집 앞 공원으로 아내와 산책 나갈 때 가져가 호수를 배경으로 아내의 얼굴을 찍었고, 친구들을 집으로 초대해 저녁을 함께 먹던 날에는 포즈를 취하게 해서는 자랑스럽게 디카를 들이대기도 했다. 디카의 충전기 코드는 휴대 전화처럼 늘 꽂아 두었고 외출할 때는 윗도리 왼쪽 주머니에 디카를 가볍게 넣고 다니며 '유사시'에 대비하도록 했다.

그러다 디카에 대한 불편한 마음을 지우지 못하고 챙기지도 않게 되는 데는 몇 주 걸리지 않았다. 친구들과 함께한 자리나 길을 걷다가 혹은 전철 속에서 불쑥 디카를 꺼내 셔터를 누르는 일이 머리 허연 영감으로서는 도무지 체면에 맞지 않은 일로 여겨져 좀처럼 주머니에서 꺼내지도 못하더니 얼마 후에는 그게 주머니 속에 들어 있다는 사실조차 잊어버리고 다시 얼마 후에는 공원을 나가면서도 그걸 휴대하는 일은 생각도 않게 되었다. 늘 충전 중이지만 가족들과 외식하는 좋은 기회에도 가져나가지 않아, 아참, 하고 후회하지만 그뿐이었다. 나는 디카에 대한 관심을 잃으면서 존재마저 잊고 만 것이다.

디카에 대한 나의 이런 홀대는 채신없이 아무 자리에서나 아이들처럼 사진 찍을 비위가 없어서이기도 하지만, 그렇게라도 해서 촬영한 것을 활용하지 못하기 때문이다. 정확히 말하면 사진을 디카 화면으로 보기는 하지만 컴퓨터에 넣지도 못하고 인터넷으로 전송하지도 못하니 저장도, 프린트는 물론 인화를 맡기는 법도 모른다. 그러니 찍기만 하고 볼 수도, 보여 줄 수도 없다면 그게 무슨 소용이겠는가.

이 무용성의 원인은 디카에 있는 것이 아니라 디카와 컴퓨터에 대한 나의 무능력과 무관심에 있다. 사용 설명서를 읽어 내는 일이 너무 어려워 자력 습득은 일찌감치 포기했거니와 사위에게 배워 둔 사용법도 곧 잊어버렸고 그러고도 다시 묻고 배울 생각조차 하지 않았다. 컴퓨터와 IT 등 신종의 갖가지 기술에 대한 나의 거리 두기는 이처럼 모두 나 자신의 책임으로 돌려야 할 일이지만, 근래 나의 무지와 무심의 결과를 분명하게 재확인시켜 주는 것이 바로 이 디카이기에 내 원망은 바로 이 요물로 쏠리지 않을 수 없었다. 보통 이하 지능의 소유자들도 얼마든 만지작거릴 수 있는 디카에 대해 내가 왜 이처럼 무력감을 느껴야 하는지는 스스로도 잘 이해되지 않는 가운데 이 신종 개발품에 대한 불만은 다른 방향으로 더욱 크게 늘어 가기도 했다.

가령, 너무 가벼워서 잘 흔들리고 화면이 안정되게 잡히지 않는다는 점, 더욱이 약간의 수전증이 있는 나 같은 사람에게는 요동이 더심해 촬영이 잘 안 된다는 점이 우선 그렇다. 그러다 보니 일행을 모아 놓고 "치즈 ……"라는 걸쭉한 절차도 없이 찍는지 마는지도 모르게 찰칵 해 버리는 무례함도 못마땅했고 그래서 '몰카' 같은 염치없는 짓들이 자행된다는 것도 한심스러웠다. 찍은 자리에서 어떤 모습으로 찍혔는지 볼 수 있다는 점, (물론 말로 듣기만 한 것이지만) 대상의 위치나 화면의 명암도 마음대로 바꿀 수 있다는 점, 필름 없이 1000장의 사진을 찍을 수 있다는 것 등등의, 예전 카메라에서는 상상할 수도 없을 기술적 능력과 용량이 대단하다 싶으면서도 감탄하기보다는 그 따위 기술들 때문에 사진 촬영에서 진지한 마음이 사라지고 기술의 남용과 도구의 악용에서 빚어지는 못마땅한 일들이 더 크게 잘못이라고 생각하곤 했다. 문명의 이기가 만들어 낸 문화적 경박스러움으로 타박해야 할 일로 여겨지는 것이었다.

그러니까 전에는 이랬다. 한동안 외국에 문화 교류란 명목으로 여러 문인들이 함께 독일이며 페루를 여행하면서 치른 행사와 관광 중에 "남는 건 사진뿐"이라며 부지런히 사진들을 찍어 댔다. 그러니 여행 출발 때는 누구나 카메라와 여유 있게 산 필름 통을 꼭 챙기고 일정을 마치고 귀국해서는 필름을 사진관에 맡겨 인화해서 나온 사진들을 보고 더러 잘 나온 사진은 크게 확대해서 주문해야 했다 마침내 해단식 비슷한 회식 자리에서 준비해 온 사진들을 나눠 주고 이 사람 저 사람들이 찍어 준 사진들을 모아 넘겨다보며 낄낄대고 후훗거리며 사진들을 촌평하고 여행 에피소드를 늘어놓곤 하는 것이 으레 치르는 절차였다. 사진 교환 행사를 통해 여행의 의미가 되살아나고 여행의 기억들이 사진들과 함께 우리의 머릿속으로 깊숙이 각인될 것이었다. 그런데 디카는 인터넷이든 CD든 혼자서 열어 보게 마련이어서 이런 인간적인 사교와 회고의 기회를 주지 않는다. 사진을 만들어 인터넷으로 보내고 CD에 담거나 컴퓨터로 다시 열어 보는 등등의 기술적 과정은 번거로워졌음에도 그것으로 나누어야 할 추억과 인정의 교감에는 더욱 인색해졌다.

여기에, 너무 쉽게 혹은 값싸게 만들어졌기에 그 소산도 헐하고 값싸 보인다는 불평도 해 볼 만할 것일까. 디카나 컴퓨터의 모니터로 보는 사진, 앨범에 정리된 카메라 사진, 사진틀에 표구된 은판 사진기로 촬영한 옛날의 흑백 사진들을 나란히 놓고 보면 더 분명해진다. 옛날의 사진관 사진들에서는 명암과 형태가 두툼한 인화지에 깊이 박혀 웬만한 세월에도 지워지지 않을 것 같은 항구성, 그러니까 존재의 영원성이 보인다. 가령 만레이 사진전에서 나는 예술적 아우라 속에서 형상들을 뚫고 각인되어 있는 시선의 깊이를 느끼며 전율한 적이 있었다. 휴대하며 촬영할 수 있는 카메라 사진들도 물론 이런 효과를 가져다줄 것이다. 그 카메라는 내가 들고 다니며 기념 사진이나 찍던, 손 안에 잡히던 자동 카메라가 아니라 몇 겹의 렌즈들로 장치되어 들기에도 묵직한 거창한 카메라일 것이다. 주명덕과 배병우 사진들의 예술적 아름다움은, 모르긴 하지만 이런 카메라를 통해 창조되었을 것이다. 인터넷 사이트에 각 개인이 올린 사진들은 아마도 디지털 카메라나 휴대 전화 카메라로 찍은 것들일 터이다. 이것들이 뽐내는 장면들이 멋진 것도 사실이긴 하지만, 그러나 그 멋은 모니터에 살짝 얹혀 표면으로만 떠돌 뿐, 시선의 깊이와 물질적 무게로 존재 속 깊숙이 투철하고 있는 느낌을 주지 못한다는 품평은 나의 구세대적 선입견 때문일까.

그래, 구세대! 나이가 많은, 그래서 새로운 것에 저항하는, 그러면서 지나간 것에 대한 애착에 붙들려 있는 낡은 세대이기 때문일 것이다. 나 같은 전 세대들은 두 측면에서 새로운 문명의 이기들에 적응하지 못하는 듯하다. 우선 기술적인 문제. 바로 내가 고백한 디카에 대한 일련의 미숙함은 새로운 용법에 대한 본능적인 두려움 때문에 배우지 않으려 하고 배워도 익숙해지지 않기에 기피하는 데서, 그리고 그렇게 해서 배워 본들 편할 수는 있겠지만 그만한 값어치가 있겠느냐는 불신에서 비롯되는 듯하다. 종래 내가 익혀 사용해 온 이용법과는 체계가 다르고, 다른 체계에 대한 불신과 이해 불가능성, 경박성이 나를 밀쳐 내는 것이다. 그런 이기들을 아주 물리칠 수는 없어 사용하기는 하지만 기능과 편리 들이 숱한 가운데에서도 나는 내가 이용할 수 있는 것만 두어 가지 골라 이용할 뿐이다.

다른 자리에서도 고백한 바 있지만 컴퓨터의 다양한 기능 중에 내가 쓰는 것은 타자기를 대신한 워드 프로세서와, 나로서는 매우 용감하게 새로이 길을 터놓은 인터넷 정도이다. 글쓰기 외에 도표 만들기나 편집하기에는 아예 걸음을 들이지 않고 있고 인터넷도 포털 사이트에서 뉴스를 보고 구글 같은 데서 필요한 정보를 얻고 메일을 보내고 받는 정도이지 갖가지 것을 얻고 보고 찾지는 못(아니)한다. 그러니까 나는 해야 할 만큼만, 내게 허용되는 만큼만 익혔을 뿐이고 그 이상은 나갈 생각도, 용기도, 필요도(알게 되면 그 필요는 그만큼 더 늘어나긴 하겠지만) 없다. 휴대 전화 사용도 이 비슷해서, 나는 오고가는 송수화 용도로만 사용할 뿐이고 문자 메시지는 겨우 내게 온 것만 읽기만 하고 보내지는 못하고 있으며 단축 전화 번호를 누군가가 넣어 주어 사용하지만 추가하거나 삭제하지 못하고 있다. 그러니 엄지족처럼 그걸로 게임을 한다는 생각은 감히 해 볼 수도 없다. 게다가 자판이 작아서 둔해진 손가락으로 잘 찍지 못해 ARS를 쓸 때는 다시, 또다시 걸어야 할 경우가 대부분이다. 어쩌면 6년 동안 사용해 온 휴대 전화를 개비해야 할 경우 야구 중계를 보기 위해 텔레비전 방송 수신이 되는 신제품을 구입할지는 모르겠다.

카메라로 촬영하는 사진의 예술성을 인정하면서 디카로 찍는 사진에 대해서는 의심쩍어하는 내 생각을 앞에서 비치기도 했지만 가령 이런 경우는 어떨 것인가. CD가 처음 나올 때 나는 잡음 없고 맑은, 그리고 이용하기 쉽고 보관하기 편한 새 이기에 반했는데 음악학자 서우석은 그 잡음 없음이 음악 연주장의 자연스러운 상태가 아니어서 수명이 의외로 짧을지도 모르겠다고 예상했다. 사실이 그리되었는지 어떤지 모르지만 나는 턴테이블에 레코드를 돌려 듣기보다는, 작은 플레이어에 CD를 꽂아 부담 없이 듣다 끄다 하면서 즐긴다. 그런데 여기서 내가 흥미로워 하는 것은 오디오 마니아들이 CD 대신에 지금은 사라져 가고 있는 레코드를 수집하는 데 열을 올리고 있다는 것이다.

모니터 화면보다는 인화지 사진, 컬러 사진보다는 흑백 사진을 더 고급하게 여기는 경향, CD보다 종이책, 인쇄물보다는 옛날 필사본의 선호, 정교하고 깨끗한 복사화보다는 시간의 때에 전 원화를 소장하려는 욕망들처럼, 값싸고 듣기 좋고 보관과 이용이 편한 CD보다는 거칠고 불편하고 귀찮은 레코드로의 선회는 나이 먹은 것들, 전 시대의 것들이 고전적이고 따라서 더 고아한 품위를 지니고 있다고 믿는 아마도 귀족주의적 예술 취향 때문일 것이다. 여기에는 값싼 문화 상품이나 사용하기 편한 휴대용품이란 비천하고 대중적이며, 진짜 예술품이란 비싸게 구하고 보관과 감상에 정성을 들여야 한다는 마음가짐으로 대하는 것이 고상한 예술에 대한 예의고 고급한 예술품에 대한 진정한 향유라는 애착이 들어 있을 것이다. 나는 이 애착이 귀족주의적임을 인정하지만 그것이 버려야 할 귀족주의인지 지켜야 할 귀족주의인지는 애매하다. 사실 예술이란 창조의 측면에서는 귀족주의적이지만 향유의 측면에서는 민주주의적이라고 모순되게 생각하기 때문이다.

별로 대견할 것도 없는 디카에서 시작했지만, 나는 새로운 기술과 그것에 들려 다가오는 새로운 문명의 이기들은 두 가지 측면에서 저항을 받고 있다는 사실을 내 경험을 통해서 말하고 싶었을 뿐이다. 먼저, 기술의 발전은 혁명적이고 폭발적이지만 기술을 이용하는 인간의 적응은 진화적이고 선택적이란 점이다. 혁명과 진화의 시간적 지체, 폭발과 선택 간의 거리가 새로운 기술에 부닥치는 소비자의 불만이며 그것이 러다이트를 불러온다. 그 러다이트들은 철도가 놓일 때만이 아니라 인쇄 기술이 도입될 때에도 인쇄물의 경박스러움과 무책임성을 들어 비판했고 지금도 한창 급속하게 성장하고 있는 생명 공학 기술과 생산품들에 대해서는 위험성과 비윤리성으로, 정보 기술에 대해서는 쓰레기 정보의 폭증과 기술적 번거로움을 들어 불평을 늘어놓는다.

새로운 기술들이 생산하는 각종의 예술과 예술 작품 들은 오늘의 문화 산업을 통해 대중화되는데, 예술 고전주의자들은 이 대중화를 중우화(衆愚化)로 받아들이면서 저항하고, 비싸고 불편한 것을 추구함으로써 고급 취향의 귀족주의적 감수성을 만족시킨다. 이러면서 결국, 과거의 문화사가 그랬던 것처럼, 새로운 기술들이 모두에게 익숙해지고 주류로 정착하며 거기서 태어난 문화 산업 상품들에서 예술적 감수성이 피어나면 내가 지금 털어놓는 불만도 맥없이 사위어져, 전 시대의 한갓진 애교로 잊혀질 것이다. 문명이란 이렇게, 역사란 그렇게, 새로운 기술과 적응의 불편 속에 진행되는 것이리라. 다만 내가 바라는 것은 새로운 기술로 개발된 신상품들이, 그것에 적응하지 못하는 사람들과의 거리감을 최소화하는 방법, 사용에 불만을 품은 사람들의 심미안을 만족시켜 줄 서비스가 덧붙여지기를 바란다. 가령 휴대 전화의 자판을 크게 하고 기능을 단순화하거나 디카에서 흑백 사진도 찍을 수 있게 하는 식으로 말이다.

추기 : 이 글의 제목을 본 아내는 전에도 이 비슷한 글로 새로운 기술들에 대한 불평을 늘어놓더니 또 구시렁거리느냐고 놀렸다. 그러는 아내는 사실 완전한 컴맹이고, 아들이 설치해 좀 복잡해졌기는 해도 디지털 TV는 켜고 끄기만 할 뿐 채널 바꾸는 법을 모르며 오디오는 듣기는 좋아하지만 직접 CD를 넣고 작동시켜 본 적이 없다. 정작 그 잔심부름을 도맡아 해야 하는 나의 짜증을 그녀는 오히려 즐기는 편이다.

김병익 문학 평론가

서울 대학교 문리과 대학 정치학과를 졸업, 동아일보 기자와 한국기자협회장을 역임하고 문학과지성사를 창사하여 재직해 오다 2000년에 퇴임했다. 현재 문학과 지성사 상임 고문으로 있다. 저서로 평론집 『상황과 상상력』, 『새로운 글쓰기와 문학의 진정성』, 산문집 『페루에는 페루 사람들이 산다』, 『지식인됨의 괴로움』, 『지성과 반지성』 및 역서 『동물농장』 등이 있다. 현대문학상, 대한민국문학상, 팔봉비평상, 대산문학상 등을 수상했다.

인문 과학과 자연 과학은
친구가 될 수 있을까?
'두 문화'를 넘어설 지식 세계의 연대 전략

나는 학술 연구의 측면에서는 영문학자이고 사회 활동의 측면에서는 문학 비평가라고 할 수 있다. 그런데 나의 공부 과정에는 인문 과학과 자연 과학의 뿌리가 동일하다는 인식의 발전과 구체화가 포함된다. 나는 이 과정을 간략하게 서술함으로써 내가 생각하는 인문 과학과 자연 과학의 친화성을 말하고 아울러 이른바 '정보화'로 종종 특징짓는 현대 자본주의 사회에서 이 친화성이 띠는 의미를 생각해 보고자 한다.

우리 세대의 어릴 적 꿈은 대부분 과학자가 되는 것이었고, 나도 그랬다. (부모님의 희망은 다른 많은 부모님들이 그랬듯이 의사가 되는 것이었다.) 고등학교를 거치면서 이 꿈은 점점 변했다. 나는 문과를 택했고 대학을 영문과로 갔으며 영문과 교수가 되었다.

대학은 연구 분야가 칸칸이 나누어져 있는 곳이다. 최근에 와서 이른바 '학제 간' 연구가 많이 이루어지고 있지만, 전체적으로 이러한 상호 고립적 성격은 변하지 않고 있다. 따라서 이러한 대학(학문 연구)의 풍토에서라면 영문학자이며 문학 비평가인 내가 자연 과학에

37

지나가는 눈길 이외의 흥미를 보이기는 어려웠을 것이다. 그러나 실제로 나의 정신과 감성을 키운 것은 학교라는 제도 자체라기보다는 1970년대 말과 1980년대 초의 급진적 문화였다. 그리고 이 문화의 중심에는 마르크스의 저작 읽기가 있었다. 이러한 급진적 문화, 그 가운데에서 접하는 마르크스의 통찰들은 나로 하여금 단지 학자가 되고 대학 선생이 되는 것과는 다른 태도로 현실을 대하도록 만들었다. 또한 현실을 이해하는 데 필요한 것이라면 전공 분야 이외의 저서들도 읽는 태도를 형성했다.

주지하다시피 마르크스(와 엥겔스)는 자신의 사상 체계를 '과학적 사회주의'라고 부르기도 했다. 이들이 자신들의 사상을 이렇게 '과학적'이라고 부른 것은 단순히 자연 과학에의 의존을 말한 것은 아니지만, 이들이 당시 자연 과학의 성과를 적극적으로 반영하려는 태도를 보이고 있었던 것은 사실이다. (마르크스는 수학에 관한 짤막한 논문들을 쓰기도 했다.) 그런데 이보다 더 중요한 것은 자연 과학과 인간 과학의 관계에 대한 마르크스의 통찰이다. 마르크스는 그의 유명한 초기 저작인 『1844년 경제학·철학 수고』에서 자연사와 인간의 역사를 같은 것으로 보고, 그에 따라 자연 과학과 인간 과학이 통합되어 "하나의 과학"만이 존재할 것이라고 말한다.

역사 자체는 자연사의, 즉 자연이 인간으로 발전하는 과정의 현실적 부분이다. 자연 과학은 곧 인간 과학을 자신에 통합할 것이며 인간 과학은 마찬가지로 자연 과학을 자신에 통합할 것이다. 하나의 과학만이 존재할 것이다.[1]

이러한 마르크스의 통찰은 이후 줄곧 나에게는 두 분야의 관계를 보는 데 있어서 일반적 지침이 되었다. 그러나 이것은 물론 하나의

'태도'로서 존재할 뿐이지 자연 과학의 성과들에 대한 독서나 연구로 나아가는 것은 아니었다.

　자연 과학과의 관계를 다시 의식하게 된 것은, 이른바 '전공 공부'를 하면서이다. 내가 박사 학위 논문을 쓰면서 (나중에 문학 비평을 하면서도) 크게 참조한 영국의 비평가 리비스는 문학과 과학의 관계에 대해서 아주 독특한 생각을 하고 있었다. 우선 그는 문학(비평)은 과학과 다르다고 한다. 문학은 예컨대 수학의 대척점에 있다는 것이다.[2] 그러나 독특하게도 그는 과학을 낳는 문화와 문학을 낳는 문화는 다르지 않다고 한다. 그의 이러한 견해는 C. P. 스노의 이른바 두 문화론과 대립적인 것으로 제시된다. 스노는 문화가 이른바 '과학적 문화'와 '문학적 문화'로 나뉜다고 보고 양자의 결합을 주장하는데, 언뜻 보면 이 주장은 과학과 문학 양자를 포괄하는 지극히 건전한 것으로 보인다. 그러나 리비스는 이를 '문화'라는 중요한 용어를 무책임하게 사용하는 사례로 본다. 문학과 과학은 다르지만, 이 양자를 낳는 문화는 하나라는 것이다. 또 상호 협동적 창조를 바탕으로 한 인간적 성취가 그것에 선행하는데, 이는 인간 정신이 (그리고 정신 이상의 것이) 이루는 더 기본적인 작업이며, 이것 없이는 과학적 구조물의 당당한 창립도 불가능했을 그러한 작업이다. 즉 언어를 포함한 인간 세계의 창조가 바로 그것이다.[3]

　내가 리비스에게서 얻은 '하나의 문화'라는 생각은 마르크스의 '하나의 과학'론에 이어서 문학 혹은 인문학과 자연 과학이 하나의 뿌리를 가졌다는 인식을 구체화하는 두 번째 단계를 이루었다.

　박사 학위 논문을 준비하면서 나는 프랑스의 철학자 들뢰즈와 가타리의 철학을 접하게 되었다. 그리고 논문을 마친 연장선상에서 이탈리아의 정치 철학자 네그리의 철학을 접하게 되었다. 이러한 경험은 나로 하여금 새로운 형태의 철학적 유물론에 눈뜨게 해 주었다. 여기서 자세히 말할 수는 없으나 이 새로운 유물론은 시간 개념과 물질 개념에 있어서 기존의 유물론(사회주의권의 레닌주의가 대표하는 것)과는 다른 차원을 개척하고 있었다. 그러는 사이에 나는 『카오스』를 통해 자연 과학에서도 새로운 과학에 대한 탐구가 이루어지고 있다는 것을 어렴풋이 알게 되었으나 더 이상 독서를 하지는 못했다.

2001~2002년에 미국에 가 있는 동안 나는 비로소 몇몇 과학자들의 책을 비교적 집중해서 읽어 볼 수 있었다. 물론 해당 분야의 전문가가 아니라서 이해하지 못하는 부분도 많았지만 그래도 이 독서를 통해 과학 분야에서도 문학이나 철학에서 일어나고 있는 것과 동일한 일이 일어나고 있으며 이에 따라 '과학성'을 이제는 달리 생각해 보아야 하는 동시에 마르크스가 말한 '하나의 과학'을 향해서 인류가 훌쩍 접근했음을 알게 되었다.

우선 슈뢰딩거는 전통적으로 과학적 방법의 토대를 이루는 두 일반 원칙(하나는 그리스 시대부터 현실적으로 작용해 온 '객관화', 즉 우리가 사는 현실 세계에서 '주체' 혹은 '정신'을 제거하고 남은 '객관적 현실'을 관찰 대상으로 삼는 것이며, 다른 하나는 자연의 이해 가능성이다.)이 이제는 '막다른 골목'에 도달했으며 해결을 위해서는 "과학적 태도가 새로이 정립되어야 한다."라고 역설한다.[4] 또한 슈뢰딩거는 견고한 물질 개념이나 물질의 운동 법칙들도 이제는 더 이상 지탱할 수 없다고 한다. "공간에 놓여 있어서 당신이 움직임을 하나하나 추적할 수 있고 움직임을 지배하는 정확한 법칙들을 확정할 수 있는, 그러한 단순하고 만질 수 있는 조야한 사물이라는 의미의 물질은 이제 존재하지 않는다."라는 것이다.[5]

프리고진 역시 전통적인 과학을 지탱했던 범주들을 비판하고 무너뜨리는 작업을 했다. 그는 그동안 서양의 과학과 형이상학을 지탱해 온 '확실성'을 부정한다. 그는 미리 알 수 없는 방향으로 진행되는 과정이 자연에서 일반적이며, 법칙을 알면 미래를 알 수도 있는 식으로 진행되는 과정이 오히려 예외적이라고 한다.[6] 따라서 이제는 기존의 법칙으로 온전히 파악할 수 없는 현상인 '사건'이 과거 '법칙'이 차지했던 자리에 들어서게 된다. 이런 의미에서 새로운 과학, 즉 '사건'의 과학은 "서양적 사고의 기본적 전통들 중 하나인 확실성에 대한 믿음을 거스르게 된다."라는 것이다.[7]

또한 나는 마투라나와 바렐라가 지은 『지식의 나무』를 읽으면서 이와 비슷한 사고 전환이 생물학에서도 이루어지는 것을 목격했다. 이들은 인식의 비재현성을 집중적으로 파고든다. 이들에게 인식 혹은 지식은, 재현주의 혹은 '객관화'에 의해 지식과 현실 사이에 세워진 환상적 경계, 그러나 현실적으로 힘을 발휘했던 경계를 허물고 인간의 집단적 실천의 흐름 속으로 되돌려진다. 더 나아가 이들이 생물학자이면서도, 문학 비평가인 리비스가 부여하는 만큼의 중요성을 언어에 부여하고 있다는 사실은 나로서는 놀라운 것이었다.

이러한 과학 내의 새로운 움직임들, 즉 객관주의 및 재현주의 비판, 시간의 예측 불가능성과 창조성에 대한 강조, 법칙에 기반을 두는 사유에서 사건에 기반을 두는 사유로의 이행, 인식의 창조성 강조, '존재에서 생성'으로의 이행 등은 모두 인문학에서도 동일하게 일어나고 있는 것들이다. 들뢰즈와 가타리가 『천 개의 고원』12장에서 '다수 과학(major science)'과 대조되는 것으로 제시하는 '소수 과학(minor science)'은 바로 이렇게 인문 과학과 통하고 심지어는 예술과 통하는 과학을 말한다.

이러한 친화성 때문인지 슈뢰딩거와 프리고진은 자연 과학과 인문 과학의 관계에 대해서도 명시적으로 언급하고 있어서 주목할 만하다. 슈뢰딩거는 자연 과학의 "범위, 목적, 가치는 인간 지식의 그 어떤 다른 분야와도 동일하다."라고 말함으로써 자연 과학과 인문 과학 사이에 본질적으로 구분이 없다고 언명한다.[8] 과학적 지식은 별도로 의미가 있는 것이 아니고 다른 지식들과 종합되어 '우리는 누구인가?'라는 물음에 답하는 쪽으로 나아가야 한다는 것이다.[9] 프리고진도 이와 유사한 생각을 하고 있다. 그는 우연찮게도 리비스가 비판하는 스노의 '두 문화'를 언급하면서 이제는 자연 과학과 인문 과학의 상호 접근이 이미 강한 경향으로 일어나고 있고 또 이러한 상호 접근이 필연적임을 역설하고 있다.[10]

사실 인문 과학과 자연 과학이 한국의 대학에서 공히 찬 서리를 맞기 이전까지는 스노가 말한 '두 문화'론이 지배적이었다고 할 수 있을 것이다. 그러나 이른바 상업주의적 풍조가 대학에 만연하고 자유 학예에 대한 실용 학예의 우위가 확립되면서 이제 '실용성이 있는 분야'와 '실용성이 없는 분야'라는 전과는 다른 식의 이분법이 더 지배적인 것이 되었고, 인문 과학과 자연 과학은 상호 친화성에 대한 의식이 있든 없든 '같은 쪽'(불행하게도 소수자 쪽)에 서게 되었다. 나는 이것이 단순한 우연은 아니라고 생각한다. 인문 과학과 자연 과학이 공히 그 뿌리를 두고 있는 '하나의 문화'(창조적 상호 협동에 의한 인간 세계의 산출)는 인간의 모든 활동의 바탕이 됨에도 불구하고 경제적 활동의 직접적인 대상(상품)이 되기는 힘들다. (이에 대한 비유로서, 생물학적 삶에 필수적이지만 적어도 현재로서는 상품화될 수 없는 공기를 생각해 보라!) 자본은 이른바 정보 혁명을 거치면서 사회의 다양한 영역들을 포섭하는 능력을 다시 한 번 비약적으로 높였지만 아무리 해도 이 '하나의 문화'를 온전히 포섭하지는 못한다.[11] 그런데 비극은 현재와 같은 사회에서는 어떤 활동이 자본에 의해 포섭되지 않고서는 경제적 보상을 받을 수가 없다는 데 있다. 이런 상황에서 곧바로 상품화될 수 있는 것에만 집착하는 기회주의적 상업주의가 신자유주의의 등장 이후 사회 전체로 확대되면서 본성상 이에 부응하기 힘든 분야인 인문학과 자연 과학은 과거에 차지했던 위치를 상실하게 된 것이다.

이 상태가 계속 지속된다면 이것은 마치 공기가 어디에서나 오염되는 것과 같아서 사회 전체의 삶은 매우 피폐하게 될 것이며, 결과적으로 좁은 의미의 경제 영역(자본에 포섭되어 돈에 의해 매개되는 활동의 영역)도 위축될 것이다. 자본의 목적은 자신의 증식이지만, 인간의 삶에 의존하는 동시에 인간의 삶에 봉사하지 않고서는 이 목적을 이루지 못하며 따라서 결국 '하나의 문화'가 가진 힘과 활력에 의존하기 때문이다. 따라서 인문 과학과 자연 과학이 현재 차지하는 소수자적 위치는 인문 과학과 자연 과학이 인간의 삶을 더 풍요롭고 자유롭게 하는 일에서 중요한 위치를 차지하고 있음을 역으로 나타낸다고 할 수도 있다. 인문 과학과 자연 과학은 상업주의라는 눈가리개로 가려지지 않은 트인 시야를 갖고 '하나의 문화'를 지키는 파수꾼 역할을 할 수가 있기 때문이다. 이러한 의미에서 인문학과 자연 과학이 상업주의의 공세에 대항해 스스로를 지키는 일은 더욱 풍요롭고 자유로운 삶을 향한 에너지와 노력들을 지키는 일이기도 한다. 이제 인문 과학과 자연 과학의 친화성은 새로운 세계를 열기 위해 같이 싸우는 동료 투사로서의 우정으로도 나타날 수 있는 것이다.

주

1) Karl Marx, *Collected Works* 3 (Moscow: Progress Publishers 1987) 304~305쪽. 이 글에 인용된 것은 모두 필자가 번역한 것이다.

2) 그는 문학은 철학과도 다르다고 한다. 그리하여 자신을 반철학자(anti-philosopher)라고 부른다. 그러나 이것은 그가 이른바 '사상'을 문학과 분리시키고 문학의 형식적 측면만을 연구한다는 말이 아니다. 그 자신이 문학과 당대의 삶의 관계에 대해 깊은 관심을 가지고 있었기 때문이다. 그는 다만 문학과 철학이 다른 유형의 사고라는 점을 지적하고자 한 것이다.

3) F. R. Leavis, *Nor Shall My Sword: Discourses on Pluralism, Compassion and Social Hope* (London: Chato & Windus, 1972) 89쪽.

4) Erwin Schrödinger, "Mind and Matter", *"What Is Life?" with "Mind and Matter" & "Autobiographical Sketches"* (1992; Cambridge: Cambridge University Press 2000) 122쪽. "Mind and Matter"는 1958년에 처음 발표되었음.

5) Erwin Schrödinger, "Science and Humanism," *"Nature and the Creeks" and "Science and Humanism"* (Cambridge: Cambridge University Press 1996), 116~117쪽.

6) Ilya Prigogine, *The End of Certainty: Time, Chaos, and the New Laws of Nature* (New York: The Free Press 1997) 18쪽 참조.

7) 같은 책 4쪽.

8) "Science and Humanism", 108쪽.

9) 같은 글, 109쪽 참조.

10) "따라서 어떤 의미에서는 문화적이고 사회적인 문제에 관심이 있는 이라면 시간의 문제와 변화의 법칙에 이러저러한 식으로 관심을 가지게 마련일 것이고, 반대로 시간의 문제에 관심이 있는 이라면 우리 시대의 문화적·사회적 변화에도 관심을 가질 수밖에 없을 것이다." Ilya Prigogine, Preface to *From Being to Becoming: Time and Complexity in the Physical Sciences* (San Francisco: W. H. Freeman and Company, 1980) xvii쪽.

11) 따라서 이 '하나의 문화'는 경제학에서 말하는 '긍정적 외부 효과'로서 영원히 남아 있을 것이다.

정남영 영문학자, 문학 비평가

서울 대학교 영문과에서 찰스 디킨스 연구로 박사 학위를 받았고 경원 대학교 영문과에서
27년 동안 영소설을 가르쳤다. 디킨스를 통해 리얼리즘론의 재구성을 시도한『리얼리즘과
그 너머』를 지었다. 번역서로는『마그나카르타 선언』,『공동체』(공역),『다중과 제국』(공역),
『혁명의 시간』,『현대철학의 두 가지 전통과 마르크스주의』가 있다.

테러리스트와 바이러스

전 지구적 생명 정치의 시대, 과학과 정치의 새로운 관계망

1.

오래전부터 정치학은 의학으로부터 많은 영감을 얻어 왔다. 질병을 다스리고 건강을 유지하기 위한 의학적 처방들은 사회를 관리하기 위한 정치적 처방들에 자주 영감을 주었다. 통치자들은 체제를 위협하는 세력들을 건강을 위협하는 질병처럼 대했다. 그래서인지 의학 체계(특히 섭생법이 포함된 체계)를 뜻하는 'regimen'이라는 말과 정치 체제를 뜻하는 'regime'이라는 말의 어원이 같다는 것은 자연스러워 보인다.

그런데 오늘날의 정치는 의학이나 생물학 등 이른바 생명 과학에 대해 과거와는 다른 관계를 맺고 있는 것 같다. 생명 과학에서 비유나 영감 이상의 것을 얻어 오고 있다. 아니, 무언가를 얻어 온다기보다, 아예 정치학 자체가 하나의 생명 과학으로 변화하고 있다. 정치학은 여타의 생명 과학만큼이나 '생명'을 핵심 주제로 삼고 있다.

이런 변화를 일찌감치 감지한 사람은 미셸 푸코였다.(『사회를 보호해야 한다』 참조) 그는 근대(19세기 이후)의 정치가 고전주의 시기(17~18세기)의 정치와 갈라지는 지점을 "생명에 대한 관심"에서 찾았다. "19세기 이후 생물학의 국유화라고 부를 수 있는 새로운 현상이 나타났으며", 그 것을 그는 "생명 정치"라고 불렀다.

특히 그는 '생사여탈권'의 의미 변화를 통해 이 점을 설득력 있게 제시했다. 고전적 주권 이론에 따르면 군주는 신민에 대해 '생사여탈권'을 가지고 있다. 그런데 고전주의 시기 군주가 행사한 생사여탈권은 '살리기'보다는 '죽이기' 쪽에 방점이 있었다. 한마디로 "죽게 만들고 살게 내버려 두는 권리"였던 것이다. 그런데 19세기 이후 생사여탈권의 의미는 달라졌다. 생사여탈권을 '삶'과 '죽음'을 가르는 권리라 할 때, 근대의 권력은 그것을 '죽음'이 아닌 '삶'으로써 갈랐다. 즉 "살게 만들고 죽게 내버려 두는 권리"가 된 것이다. '죽음'은 여전히 우리 곁에 있지만 그것은 권력의 '관심'이 아닌 '무관심'과 '방치' 속에 있다. 즉 권력이 적극적으로 챙기지 않는 곳에 죽음이 존재하는 것이다.

권력의 관심이 생명에 쏠리면서, 생명을 가진 신체의 성격도 변화했다. 고전주의 시기에 군주가 빼앗은 생명은 개별 인간의 것이었다. 그러나 근대의 권력이 보살피고자 하는 생명은 인구의 것이다. 국가는 개인의 출생과 사망이 아니라 전체 인구의 출산율과 사망률, 평균 수명에 관심을 갖는다. 그리고 외부에서 급습하는 전염병이 아니라 자국민이 안고 살아가는 풍토병에 관심을 갖는다. 좋은 정치란 집단적 신체로서 인구가 겪는 통계적 위험을 잘 관리해서 삶의 질을 높이는 것이다. 20세기 초의 복지 국가는 이러한 '생명 정치'의 대표적 산물이라고 할 수 있다.

하지만 누구나 알고 있듯이 20세기 초에 출현한 것은 복지 국가

만이 아니었다. 아우슈비츠 또한 20세기 초에 태어났다. 어떻게 그런 일이 일어났을까. 인구의 생명과 건강에 관심을 둔 권력이 어떻게 잔인한 대량 학살에 관여할 수 있을까. 푸코는 학살이 '죽음'이 아닌 '생명'을 위해 벌어질 수 있음을 보여 주었다. 생명에 책임을 지고 있는 권력이 생명을 위해 어떤 '단절'을 도입할 때 학살이 일어난다. 권력은 전체 인구의 생명을 위해 '살아야 하는 것'과 '죽어야 하는 것'을 구분한다. 가령 20세기 초에 일어난 인종주의적 학살은 전쟁터에서 만난 두 병사처럼 '너를 죽여야 내가 산다.'라는 식으로 이루어지지 않았다. 그것은 나쁜 유전자, 나쁜 인종을 정리하는 것이 전체 인구의 건강을 위해서, 무엇보다도 인구의 건강한 재생산을 위해서 필요하다는 판단에서 이루어졌다.

2.

내가 이처럼 푸코를 길게 인용한 것은 최근의 일들 속에서 그가 말한 '생명 정치'를 새롭게 발견하고 있기 때문이다. 나는 푸코의 주장이 오늘날에도, 아니 오늘날에 더 유의미하다고 생각한다. 최근 인구의 안전과 건강한 재생산은 과거 어느 때보다도 중요한 정치적 과제가 되었으며, 위험 요소에 대한 관리는 '예방적 선제 공격'이라는 말이 있을 정도로 적극적으로 이루어지고 있다.

그러나 오늘날 생명 정치는 푸코가 생각한 것보다 훨씬 큰 규모로 작동하고 있다. 권력의 보살핌 대상이 되는 '인구'는 더 이상 '국민'으로 한정되지 않으며, 생명을 위협하는 요소도 특정 영토에 한정되지 않는다. 풍토병(endemic)은 변형되고 탈영토화되어 범유행병(pandemic)으로 세계 곳곳에 퍼져나가고 있다. 생명 정치는 사실상 지구적이다.

'테러와의 전쟁'은 생명 정치가 지구적 수준에서 어떻게 작동하는지를 잘 보여 주고 있다. 이 전쟁은 국가 간 전쟁이라기보다는 지구적 불안 요소를 제거하려는 초국적 치안 활동으로 보인다. 테러와의 전쟁이 적으로 삼고 있는 것은 국가가 아니다. 적국은 없으며, 오직 테러리스트와 테러리스트의 기지, 테러리스트를 후원하는 세력이 있을 뿐이다.

2006년 9월에 미국 정부가 펴낸 보고서 『테러와의 전쟁을 위한 국가 전략』은 테러와의 전쟁의 최종 목표를 이렇게 제시하고 있다. "우리 삶의 방식(자유롭고 개방된 사회)을 위협하는 폭력적 테러리즘을 물리치는 것, 그리고 폭력적 극단주의자들과 지원 세력에 적대적인 지구 환경을 만드는 것." 전체 인구의 삶을 관리하고, 그에 필요한 환경을 조성하는 것. 이것이 바로 생명 정치다. 실제로 미국 정부는 테러와의 전쟁이 생명의 권리를 위한 것임을 분명히 하고 있다. 보고서의 표현을 빌자면 테러와의 전쟁은 "무차별적 폭력의 두려움 없이 사람들이 살아 갈 수 있는 권리"를 위한 것이다.

그런데 생명을 지키기 위해 권력은 더 많은 힘의 필요성을 느낀다. 생명 보호를 명분으로 생명 권력은 자신을 끊임없이 증식시킨다. 9·11 이후 만들어진 미국의 국토 안보부는 국경 경비, 재난 대비, 정보 분석 업무는 물론이고, 세관, 이민 귀환국, 비밀 경찰국, 연방 비상 계획처 등 온갖 조직을 흡수하고, 교통 안전부, 사이버 보안 전략 총괄 기관 등의 새로운 조직을 포함시켜 정부 내 최대 조직이 되었다. 국토 안보부는 테러와 관련된 거의 무제한적 조사권을 가지고 있다. 그중 많은 것들이 인권 침해 논란을 일으키고 있지만, 인구의 안

전한 관리라는 명분이 그것들을 덮어 버리고 있다.

그럼에도 올해 발간된 보고서『9·11 5년 후: 성공과 도전』을 보면 생명 권력은 여전히 자신에게 더 많은 권력이 부여되어야 한다고 믿는 것 같다. 이 보고서에 따르면 테러리스트들은 더욱 탈중심화되어 세계 곳곳에서 출몰하고 있고, 대량 살상 무기를 통해 재앙 수준의 공격을 해 올 가능성이 있으며, 인터넷과 미디어를 지능적으로 이용해서 서로 소통하고 새롭게 인원을 충원하고 있다고 한다. 게다가 직접적인 소통 없이도 자기 이데올로기를 설파할 수 있고, 일반인들을 테러리스트로 변신시킬 수 있는 다양한 매체를 활용한다고 한다. 과연 이 모든 것에 대처할 수 있으려면 생명 권력은 얼마나 더 커져야 하는 것일까.

3.

현재 벌어지고 있는 또 하나의 전쟁인 '바이러스와의 전쟁' 역시 지구적 수준에서 생명 정치의 작동을 잘 보여 주고 있다. 어쩌면 바이러스는 테러리스트보다 인구의 안전한 관리에 더 치명적일지 모른다. 에이즈(AIDS), 사스(SARS), 조류 독감(avian flu) 등 종(種)의 경계를 뛰어넘는 감염력을 보이고 있는 바이러스들은 인간 종에 대한 크나큰 위협이 되고 있다. 이들은 보통 역전사 효소를 가진 RNA 바이러스들로서 리트로바이러스(retrovirus)라고 불린다. 이들 바이러스의 복제 과정은 DNA 바이러스에 비해 매우 불안정해서 수많은 변형들을 낳는다. 게다가 이것들은 숙주 세포의 DNA에 들락거리면서 그것을 변형시키기도 하고 이동시키기도 한다.

그런데 이 바이러스와의 전쟁은 여러 모로 테러와의 전쟁과 닮았다. 가령 조류 독감의 경우 문제가 된 H5N1은 원래 철새 등 야생 조류와는 별 문제 없이 공생하던 바이러스다. 그런데 다른 동물로 옮겨지면서 변형과 복제가 일어났고 숙주가 된 동물은 치명적 병을 앓게 되었다. 현재 정확한 감염 경로가 밝혀진 것은 아니지만, 야생 조류의 배설물로부터 그것을 먹은 가금류로 옮겨졌고 결국에 사람까지 퍼진 것으로 추측된다.

유럽의 나라들은 조류 독감이 발생한 남아시아 지역에서 날아오는 철새들의 움직임을 파악하는 데 온갖 노력을 하고 있다. 유엔 농업 식량 기구는 아마추어 탐조가(探鳥家)들을 레이더로 이용하고, 농부들을 바이러스 조기 경보 장치에 포함시켜야 한다고 주장하고 있다. 야생 조류에 원격 인식 장치를 달아 인공 위성으로 감시하는 시스템을 구축하자는 주장도 있다. EU와 미국, 일본 등은 개발 도상국에 감시 장비를 제공하기 위해 기금을 조성하고 있다. 어느 한곳만 뚫려도 바이러스에 대한 지구적 안보 체제가 와해될 수 있기 때문이다. 철새들의 움직임을 추적하고 그것을 관리하는 지구적 시스템은 미국이 지구적 수준에서 건설하고자 하는 '미사일 방어 체제(MD)'를 떠올리게 한다.

실제로 미국의 『국가 안보 전략』 보고서는 테러리즘과 바이러스 모두를 국경을 넘나드는 심각한 위험 요소로 간주하고 있다. 사실 테러리스트와 바이러스에 대한 대처 방안이 닮았다고 말하는 것은 불충분하다. 두 가지는 닮은 게 아니라, 똑같은 생명 정치 모형을 보여 주고 있기 때문이다. 테러리스트와 바이러스는 국경을 넘나드는 여러 신체들, 즉 이주민, 철새, 이메일, 전파 등에 포함될 수 있는 치명적 위험 요소를 나타낼 뿐이다. 생명 권력으로서는, 미국의 국토 안보부가 그렇듯이, 인구의 안전한 관리를 위해 이 모든 위험 요소들을 동시에 다룰 수밖에 없다.

4.

최근에는 아예 테러리스트를 바이러스로 다루자는 주장도 나오고 있다. 작년 8월,《워싱턴포스트》에는 테러리즘을 전염병의 시각에서 접근하는 것이 필요하다는 의견이 실렸다. 필자들은 테러리스트를 바이러스로 간주했을 때 효과적인 대처 방안이 발견될 수 있다고 말한다. 감염체의 본성이 무엇인지, 전달체는 무엇인지(이슬람 사원, 감옥, 인터넷, 위성 텔레비전), 면역이 약한 사람은 누구인지 등등. 이런 질문들은 테러와 관련해 국가가 어디의 누구에게 어떤 조치를 취해야 하는지를 보여 준다는 것이다.

이들에 따르면 이런 식의 접근법은 또한 테러리즘을 테러리스트 개인이 아닌 인구 관리의 문제로 접근할 수 있게 해 준다. 전염병이 병원체와 사람, 환경의 상호 작용인 것처럼 테러리즘도 인구와 환경을 통해 이해해야 한다는 것이다. 뿐만 아니라 테러에 가담한 적이 없는 사람들의 경우에도 테러리즘 오염 가능성이 높은 국가에서 왔을 때는 따로 관리되어야 한다고 말한다. 그래서 그들이 바이러스의 운반체가 되는 것을 막아야 한다는 것이다. 그리고 특별히 면역력이 떨어지는 지역은 이데올로기적·정치적·경제적 환경을 개선시켜 주는 일이 테러리즘 예방의 차원에서 필요하다고 말한다.

사실 이런 조치들은 미국 정부가 상당 부분 실행하고 있는 것들이다.『테러와의 전쟁을 위한 국가 전략』을 보면, 미국 정부는 테러리스트에게 흘러갈 우려가 있는 모든 자원들을 철저히 봉쇄하고 있다. 그리고 테러리스트의 이동을 통제하기 위해 신분 증명 절차를 강화하고 국경 통제 절차를 더 엄격하게 하고 있다. 뿐만 아니라 대(對)테러 정책 전문가들과 지역·종교·언어 연구자들을 양성해서 정치적 차원은 물론이고 이데올로기적 차원에서도 테러와의 전쟁을 벌이고 있다.

그러나 이 조치들이 얼마나 성공적일지는 의문이다. 미국이 완전히 장악한 것으로 보였던 이라크와 아프가니스탄은 테러리스트들의 양성소가 되고 있고, 국제 테러리즘 역시 좀처럼 감소 기미를 보이지 않고 있다. 테러리스트가 정말 바이러스라면 미국이 이 전쟁에서 승리할 가망은 없어 보인다. 1999년 뉴욕의 동물원에서 새들이 집단 괴사하고 폐렴 환자들이 다수 발생했는데, 원인은 화물기를 타고 온 모기가 운반한 바이러스였다. 바이러스를 통제하는 것은 사실상 불가능하다. 바이러스들은 호텔이나 공항, 병원을 오가는 사람과 사물들을 통해 세계 곳곳으로 퍼져나가고 있다. 테러리즘도 마찬가지다. 조직의 직접적 연계가 없어도 테러리즘은 어디서든 생겨날 수 있고 전염될 수 있다.

문제를 해결할 수 있는 것은 더 강한 조직, 더 엄격한 통제가 아니다. 개별 테러리스트들을 가두고, 그들이 속한 문화나 종교를 소독한다고 해도, 온갖 형태로 변형되는 테러리즘을 막을 수는 없다. 오히려 지금 벌어지고 있는 테러와의 전쟁이 바이러스의 변형과 전염을 돕고 있는 것은 아닌지 생각해 볼 때가 되었다. 이제 테러리즘만이 아니라 테러와의 전쟁을 통해 자기 지배력을 확대해 온, 어떤 면에서는 테러리즘과 함께 성장해 온 생명 권력에 대해서도 다시 생각할 때가 되었다. 이로움과 해로움을 판단하기 힘든 온갖 신체들이 넘처나는 세계에서, 생명 권력은 항상 최대 권력을 요구할 것이다. 그러나 테러리즘에 대해 생명 권력과는 다른 선택지를 창안해 내지 못한다면 우리는 우리를 '살게 하는' 권력 아래서 숨죽인 채 서서히 죽어갈 것이다.

고병권 연구공간 수유너머R 대표

연구공간 수유너머R 추장. 사회학 박사. 저서로는 『철학자와 하녀』, 『언더그라운드 니체』, 『니체 천 개의 눈 천 개의 길』, 『니체의 위험한 책, 차라투스트라는 이렇게 말했다』, 『화폐, 마법의 사중주』, 『고추장 책으로 세상을 말하다』 등이 있고, 번역서로는 『데모크리토스와 에피쿠로스 자연철학의 차이』 등이 있다.

포스트 글로브의 시대

'탈지구' 시대에 재회하는 과학과 철학

1.

철학자들 사이에는 다음과 같은 가설이 있다. 만일 다른 별에서 지구를 바라보는 외계 지적 생명체가 있다면 그는 인류의 역사를 몰라도 아마 철학이 지중해 지역에서 발달했으리라고 추측할 것이다. 왜 그럴까?

　인류 역사의 위대한 문명들, 예를 들면, 이집트 문명, 메소포타미아 문명, 중국 문명, 인도 문명 등이 강 주위에서 탄생해서 발전했다는 것은 상식이다. 그러나 인간 정신이 한 발자국 더 나아가기 위해서는 다른 요소가 하나 더 필요했다. 그것은 다름 아닌 '바다'였다. 바다에서의 생활을 위해서는 모험 정신과 함께 무엇보다도 천문학적 지식이 필요했다. 다시 말해, 땅 위의 제한된 지역에서 발달한 문명과는 달리 사고의 전환이 필요했고 특별한 수단이 필요했다. 그리고 이런 것들을 단계적으로 시험해 볼 수 있는 조건이 필요했다. 고대 사람들에게 대서양이나 태평양 같은 대양을 항해하는 일에 곧바로 나선다는 것은 너무나 어려운 일이었다. 그것은 모험이 아니라 무모함이었다.

항해술은 체계적으로 발달해야 했다. 그런데 바로 체계적인 항해술의 발달이 인류 역사에서 최초로 거대한 호수 같은 지중해에서 가능했던 것이다. 지중해에서도 에게 해 연안 소도시들에서 훨씬 더 가능했다. 에게 해를 항해하는 것은 수많은 해협들과 섬들을 네트워크로 연결하는 것과 같았다. 그리스 인들은 지중해 안에서도 에게 해라는 1차 연습장을 이용할 수 있었고 그 다음 지중해 전체라는 2차 연습장으로 나갈 수 있었다.

바다에서 항해하는 것은 항상 똑같은 주위 환경을 보기 때문에 오히려 '비가시적'인 상황에 있는 것과 같다. 양안(兩岸)에 자연스러운 풍경의 변화가 있는 강과 달리, 바다에는 어디를 보아도 바닷물뿐 구분이 없다. 아무런 구분이 없는 '단순한' 바다가 오히려 엄청난 카오스로 다가올 수 있다. 이러한 바다의 상황은 뱃사람들로 하여금 역설적으로 하늘을 보고 연구하게 했다. '여기'의 문제를 해결하기 위해 '저기'를 보는 사고의 전환을 한 것이다. 항해는 비가시적 상황에서 '방향의 가시성'을 찾아내는 일이다. 하늘을 보고 알아낸 항해술은 비가시적인 상황이 가시성을 갖도록 해준다. 강에서 배를 타는 것과 달리, 바다에서는 길을 '따라' 가는 것이 아니라 길을 '만들어' 갈 줄 알아야 한다.

항해의 시도는 상식(doxa)을 어기는(para-) 행위다. 그래서 최초의 항해자는 역설(paradox)을 시도한 것이다. 즉 모험을 한 것이다. 그러나 모험을 위한 수단을 갖고 있기 때문에 무모하지는 않다. 천문 관찰을 하고 그것을 논리적으로 해석함으로써 상식을 넘어서는 지식의 수단을 마련한 것이다. 고대 그리스 인들은 지구상에서 그러한 시도를 체계적으로 할 수 있었던 최적의 조건에 있었다. 따라서 그것은 철학적 사고의 발달에 있어 충분하지는 않지만 필요한 조건이었던 것이다.

칼 세이건은 "별들은 탐험가의 친구이다. 그들은 예전에 지구의 바다를 항해하는 배들과 함께했고, 지금은 하늘의 바다를 항해하는 우주선과 함께한다."라고 말했다. 인간은 고대로부터 '바로 여기'의 문제를 해결하기 위해 '저 멀리' 우주에서 친구들을 불러왔고, 앞으로도 그러할 것이다. 이렇게 인간은 줄곧 우주와 의미 있는 관계를 맺어 온 것이다.

2.

고대로부터 하늘이 철학적 사고의 보고(寶庫)였다는 것은 이른바 '최초의 철학자'가 남긴 일화를 보아도 알 수 있다. 아리스토텔레스는 이 세상 모든 것들의 존재를 설명하는 유일한 원리에 관한 최초의 철학적 명제를 제시한 사람이 탈레스라고 했는데, 이 입장에 반대할 이유는 별로 없다.

우리는 어릴 적부터 철학자들을 놀리는 대표적 일화로 탈레스의 이야기를 들어 왔다. 탈레스는 어느 날 밤하늘의 별을 관찰하며 걷다가 우물에 빠졌다. 이를 보고 있던 그의 하인은 그를 우물에서 구해 주면서 "제 발 밑 일도 모르는 주제에 하늘의 일을 알려고 하십니까?"라고 핀잔을 주었다고 한다. 플라톤의 대화편 『테아이테토스』에도 나오는 이 일화는 최고의 진리를 탐구하는 사람들이 흔히 일상적이고 사소한 문제에 소홀해서 현실에서 어려움을 겪는 일을 비꼴 때 자주 거론된다. 특히 세상사를 소홀히 하고 자신의 탐구에 몰두하는 학자를 조롱할 때 잘 쓰인다. 학자들의 사변적이고 이론적인 작업을 비판할 때도 곧잘 인용된다.

그러나 철학자들은 이 일화를 그렇게 단순히 상식적으로 해석하지 않는다. 가다머도 이 에피소드가 시대를 거치면서 탐구에 열중하는 철학자나 과학자를 비꼬는 것으로 변형되었다고 보았다. 사실 탈레스는 우물에 빠진 것이 아니라, 자기 스스로 물이 마른 우물에 내려갔던 것이다. 왜 그랬을까? 그는 우물을 마치 하나의 거대한 '천체 망원경'으로 활용하려 했던 것이다.

독자 여러분도 한번 상상해 보라. 우물 아래에서 우물의 원통을 통해 하늘을 보면 별자리들을 일정 틀 안에 놓고 보기에 매우 좋다. 이것은 우리가 멀리 있는 것을 구분해서 잘 보고자 할 때 두 손을 오그려서 눈에 갖다 대는 것과 같은 이치이다. 우물의 밑바닥에 위치한 관측자는, 우물의 둥근 벽이 형성해 주는 원통 '망원경'을 활용해서, 시간의 흐름에 따라 그곳을 지나는 별들의 이동을 훨씬 용이하게 관찰 기록할 수 있다.

이 일화는 어떤 정신 나간 사람의 실족 사건을 조롱한 게 아니라, 오히려 우물에까지 내려가 하늘을 관찰하려는 '열렬한 과학적 탐구 정신'에 대한 경의의 표시인 것이다. 탈레스는 이 우물에 정기적으로 내려가 자신의 관측 작업을 수행했을 것이다. 불편을 무릅쓰고 우물 밑바닥에 내려가는 일은 열렬한 탐구 정신 없이는 가능하지 않다. 우물에서 다시 나오려면 하인의 도움이 필요했을 것이다. 이 일화는, 우물 안으로 내려가고 또 그곳에서 나오려면 다른 사람의 도움이 필요하다는 것을 보여 줌으로써 탐구에 몰두하는 학자의 작업은 사회의 이해와 지원을 받아야 한다는 것을 은유한다고 볼 수도 있다. 탈레스의 일화로 대표되는 '우주 연계적 인간의 사유'는 사변적 철학자에 대한 풍자를 훨씬 넘어서는 학문의 기원에 대한 은유와 인간이 무엇을 지향하는지에 대한 존재론적 의미심장함을 담고 있는 것이다.

3.

신화에 따르면 헤라 여신의 유방에서 힘차게 뿜어 나온 젖이 밤하늘에 뿌려져 은하수가 되었다고 한다. 서구인들이 하늘을 보며 그것을 '젖 길(Milky Way)'이라고 부르게 된 기원이 여기 있다. 세이건은 어쩌면 이 신화에 "하늘이 지구를 양육한다."라는 통찰이 담겨 있는지도 모른다고 했다. 하늘은 분명히 지구에 사는 인간의 관심을 통째로 끌어당기는 힘이 있다. 신화의 은유적 메시지를 넘어, 학술적 탐구라는 관점에서도 하늘은 철학자와 과학자의 욕구를 충족시켜 주는 특성을 지니고 있다.

공간에 대한 시각적 포착이라는 점에서 하늘은 땅과는 달리 '전체'를 대표한다. 인류는 비행을 하기 전까지 땅 전체를 '한눈에' 본 적이 없다. 그러나 고대인들은 현대인이나 마찬가지로 땅 위에서 하늘을 보면서 엄청난 면적의 공간을 한눈에 볼 수 있었다. 해, 달, 별 같은 천체도 그 모습 '전체'를 한눈에 볼 수 있었다. 즉 하늘을 본다는 것은 '전체'를 보고자 하는 탐구자의 심리적 욕구를 어느 정도 충족시켜 준다. 자연의 법칙을 찾는 과학과 세계의 원리를 찾는 철학은 '전체'를 설명할 수 있는 지식을 겨냥한다. 따라서 하늘로 눈이 가는 것은 당연한 귀결이다. 물론 고대인이 우주 전체를 본다는 것은 지구에 발붙이고 하늘을 본다는 뜻이며, 현대 과학자는 이에 더

해서 우주 모형 안에 담긴 전체를 본다. 이는 결코 전체를 한 눈에 보는 것은 아니다. 하지만 그런 가정과 희망 아래 인간의 탐구는 지속된다.

이런 탐구를 하려면 인간이 지속적으로 하늘을 볼 수 있는 조건을 갖추고 있어야 한다. 그렇다면 인간은 어떻게 하늘을 지속적으로 보게 되었을까? 우스꽝스러운 질문인가? 그렇지 않다. 인간이 특별히 하늘을 보게 된 것은 그가 '직립 동물'이기 때문이다. 직립의 조건은 땅보다 하늘을 보게 하고, 지속적으로 하늘을 관찰하고 사유할 수 있게 한다.

인간은 땅만을 보고 걷는 동물이 아니다. 반면 여섯 다리를 갖고 있는 곤충이든, 온몸으로 땅 위를 기는 파충류든, 네 발로 몸을 지탱하고 걷는 포유동물이든 주로 땅을 보며 산다. 혹자는 늑대가 한밤에 보름달을 보고 울부짖는 것을 예로 들어 동물도 하늘을 본다고 주장할 수 있다. 하지만 늑대도 하늘을 지속적으로 보지는 않는다. '지속성' 없는 시각 활동은 '관찰'의 가치를 가질 수 없다. 관찰 없이 사유는 유발되지 않는다.

직립 동물이 아니고서는 하늘을 지속적으로 관찰하고 사유할 수 없다. 직립의 조건과 우주 연계적 인간 사유의 밀접한 관계는, 인간이 어떻게 이 땅에 살게 되었는지를 설명하는 두 가지 대립된 입장, 즉 진화론과 창조론 그 어느 관점에서 보아도 흥미로운 화두를 던진다.

인간이 네 발로 기던 상태에서 직립 동물로 진화해 오면서, 그의 주된 시선은 땅에서 지평선으로, 더 나아가 그것 너머로 이동할 수 있었다. 즉 직립으로 진화하면서 집중적으로 하늘을 볼 수 있게 되었다고 할 수 있다. 반면 인간이 처음부터 직립 동물로 창조되었다면, 모든 것을 배려하는 신이 하늘을 볼 수 있도록 인간을 창조했다는 해석이 가능하지 않을까? 하늘을 보고 사유하고 뭔가 말해 보라고 그런 것은 아닐까? 다시 말해, 인간이 온 우주를 관장하는 하늘에 있는 신과 소통할 수 있는 가능성을 열어 놓은 것은 아닐까? 직립의 조건은 분명히 인간을 하늘로 향하게 한다.

4.

고대로부터 지금까지 인간의 사고와 상상은 지구에 메어 있지 않다. 이것을 인간의 '초(超)지구성'이라고 부를 수 있다. 인간은 지구 밖의 뭔가를 지향한다. 하지만 20세기 중반까지 이런 지향성은 정신의 차원에 머물러 있었다. 그러나 이제 인간은 '온몸'으로 초지구성을 실천해야 할 과제를 안고 있다. '포스트 글로브(Post-Globe)', 즉 '탈(脫)지구'의 시대가 이미 온 것이다.

'탈지구성(post-globality)'은 물론 초지구성의 하나라고 할 수 있다. 그러나 '탈지구'는 구체적으로 인류가 지구권 밖으로 실체적 이주(移住)를 할 가능성에 관한 것이다. 현재 지구의 문제를 지구에서만 해결한다는 것은 편협한 생각이다. 인류는 다시금 '여기'의 문제를 '저기'를 바라봄으로써 더 잘 해결할 수 있는 지혜를 발휘해야 한다.

코페르니쿠스와 갈릴레오가 일으킨 과학 혁명 이후, 인간은 더 이상 지구가 우주의 중심이라는 '지구 중심주의'를 주장할 수 없게 되었다. 그러나 '지구 기반적 의식과 사고'는 계속 유지해 오고 있다. 다양한 사고와 뛰어난 상상력을 지닌 사람들에게도 지구 기반적 사고는 버리기 힘든 것이다. 코페르니쿠스가 죽은 후 2세기 이상 지난 뒤에, 자신의 인식론을 '코페르니쿠스적 전환'이라고까지 비유했던 철학자 칸트도 예외는 아니다.

칸트는 '영구 평화론'에서 지구의 모양이 둥글기 때문에 사람들은 무한정 멀어질 수 없으며, 어떤 두 사람이 서로 정반대 방향으로 멀어질수록 지구라는 구체의 표면 어디에선가 다시 만나도록 되어 있다고 말했다. 그가 하고 싶었던 말은, 인류는 지표 위에서 공존할 수밖에 없으므로 지구를 기반으로 평화적 공존의 길을 찾아야 한다는 것이었다. 이런 주장을 하는 순간 그의 머리에는 지구 표면에 달라붙어 살 수밖에 없는 인류가 있었던 것이다. 즉 그는 인류가 삶의 기반인 지구를 떠난다는 것은 상상조차 못한 것이다.

필자가 '포스트 글로브'라는 말을 만들어 탈지구성의 개념을 개발했던 10여 년 전이나 지금이나 세계의 화두는 인류가 전(全)지구화를 이루어 가고 있다는 것이다. 많은 사람들에게 탈지구에 대한 의식이 아직 생소한 것이다. 그러나 전지구화는 인류가 지구에서 이루는 역사 발전의 마지막 단계일지 모른다. 그 이후의 역사는 지구 밖에서 시작할지 모른다. 전지구화의 과정과 탈지구의 준비 작업은 동시에 이루어지는 것이다. 탈지구의 시대를 전제하는 입장에서는 당연히 지구성(globality)은 탈지구성(post-globality)의 전(前)단계이다.

이를 논하는 것은, 인류 전체 또는 일부가 삶의 터전을 지구가 아닌 다른 별로 옮길 수 있는 가능성이 반드시 실현되리라는 이유 때문만이 아니다. 그것의 실현 가능성 여부와 관계없이 그러한 발전 기준과 방향에 따라 인류의 문명과 역사는 진행되어 나갈 것이라는 예측 때문이다. 그리고 그 효과와 부산물들이 우리의 문화 사회 경제 정치 체제뿐만 아니라, 우리의 조그만 일상까지도 크게 변화시킬 것이라는 이유 때문이다. 이것은 또한 21세기의 주된 대립 구조가 '인간은 곧 지구인'이라는 패러다임과 그렇지 않을 수 있다는 패러다임이 구심력과 원심력처럼 맞서는 양상이 될 것이라는 예상 때문이다.

고대인들이 보여 주었듯이, 우리의 의식이 지구라는 기반에 메여 있지 않을 때, 우리는 이미 지구인이 아니라 '우주인'인 것이다. 그리고 앞으로의 세계는 더 이상 '지구 기반의 세계'는 아닐 것이다.

김용석 영산 대학교 자유전공학부 교수

현재 영산 대학교 자유전공학부에서 문화 연구와 비평 및 고전 텍스트 분석을 가르치고 있는 철학자로 '개념의 예술가'라고 불리며 문화학과 인간론을 접목해 현재의 변화를 읽고 미래 세계를 구상하는 작업을 계속적으로 진행해 오고 있다. 로마 그레고리안 대학교에서 문화철학 방법론으로 철학 박사 학위를 받고, 철학과 교수로 재직하면서 서양 근현대 사상을 연구하고 사회·문화 철학 및 칸트 사상을 강의했다. 최근에는 대중 문화와 철학, 자연 과학과 인문학을 연계하는 작업에 몰두하여 이런 탐구의 연장선상에서 다양한 분야의 고전을 재해석하는 일에 집중하고 있다. 저서로는 『문화적인 것과 인간적인 것』, 『깊이와 넓이 4막 16장』, 『일상의 발견』, 『두 글자의 철학』, 『철학 정원』, 『인문학의 창으로 본 과학』(공저), 『예술, 과학과 만나다』(공저) 등이 있다.

늦깎이 연구생의 자기 고백
과학을 취재하며 과학사를 공부하며

내가 지금 이곳, 대학원생 연구실에서 이런 글을 쓰게 되리라고는 5~6년 전의 나조차도 짐작하지 못했다. 학업 스트레스가 직장 스트레스 못잖음을 절감하며 날마다 쏟아지는 읽기 과제에다 발제, 토론으로 정신을 차리지 못하면서도, 문득문득 내게 지금 이 자리는 여전히 낯설고 새롭다. 독서 메모용 연필과 지우개의 촉감도 새롭고, 책가방 챙기기도 도서관 책 빌리기도 새롭다. 등하교할 때에 교문을 스치는 느낌도 새롭고, 혈기왕성한 대학생들의 가을 축제 모습도 새롭다. "오 기자."라는 호칭 외에 "오 군."이라고 부르는 교수님의 목소리도 새롭다. 학교 곳곳에서 1980년대 나의 모습을 언뜻 다시 느낄 때는 특히나 묘한 느낌을 준다. 1990년에 대학을 졸업하고서 2002년에 다시 대학원에 입학했으니, 옛 경험의 필름이 이제 12년 만에 다시 돌기 시작한 듯 새롭고 낯설다. 그러나, 아니다. 꿈 깨라! 이제 필름의 등장인물은 책 읽을 때면 침침한 눈을 부비기 시작하는 나이인 40대다. 이 늦깎이 공부는 대체 어떤 꿈을 좇는 걸까?

5~6년 전에 나는 한겨레 신문사에서 취재 현장을 펄펄 날아다니

고 일필휘지로 기사 쓰기를 두려워하지 않아야 하는 경력 12~13년 차 기자였다. 하지만 내가 발 빠른 민완 기자로 일했던 기억은 별로 없다. 그래도 언론이 무엇이고 기자가 무엇인지 막 실감하던 때였던 것 같다. 그때 나는 과학 기자였고 과학 분야를 취재하는 일에 재미를 느끼며 일하고 있었다. 나는 과학 분야의 전문성을 갖춘 기자는 아니었다. 또 내가 과학 분야만을 취재했던 것도 아니다. 지금은 '기자 전문화'를 위한 계획을 여러 언론사들이 시행하지만, 2000년대 초까지만 해도 기자는 대체로 민첩한 적응력을 갖추어 언제 어디서든 여러 분야를 다룰 줄 알아야 했다. 걸출한 전문 기자들은 그때에도 더러 있었지만 사정은 대체로 그러했다. 그래서 나는 신문의 지면을 짜는 편집 기자, 사건 사고를 다루는 기동 취재 기자, 법원·검찰청을 출입하는 법조 기자, 책을 다루는 출판 기자, 그리고 영화와 경제 잡지의 기자로도 일했고, 잠깐이지만 대중 가요와 여가, 요리 기사도 썼다. 지금까지 가장 오래 맡았던 분야가 4년 넘게 일했던 과학이었다.

취재 과정에 과학자들은 내가 문과 졸업생이라는 사실을 들으면 의아하게 생각하곤 했다. 아마도 영문학과 과학 기술은 도무지 공통분모를 찾으려야 찾을 수 없는 분절된 두 분야였고, 과학 기자는 최소한의 기초적 과학 지식을 갖춘 이공계 출신이 맡는 게 자연스러운 일이라고 생각했기 때문일 것이다. 이런 내가 과학 취재에 깊은 관심을 갖게 된 건 여러 분야를 돌아가며 맡아야 했던 신문사 안의 상황에서 우연하게 맞이한 기회 덕분이었다. 한 달간의 삼풍 백화점 붕괴 사고 취재를 끝내던 날에 나는 발령을 받고 신문사 안 영화 잡지 부서로 자리를 옮겼다. 거기에서 뉴미디어 영상 매체와 관련한 컴퓨터와 인터넷 분야를 주로 맡게 됐다. 컴퓨터와 뉴미디어 기술의 매력에 푹 빠져들 무렵에 나는 다시 우연한 기회에 과학 기자가 됐다. 당시에 전문적인 과학 기자였던 이공계 출신의 선배 기자가 해외 연수를 떠나며 생긴 빈자리가 내게 돌아온 것이다. 고등학교 시절에 물리학을 무척 즐겨 공부했지만 내 과학 지식은 고작해야 고등학교 때에 배운 게 전부였고 그것도 아득하게 잊혀지던 터였기에, 당연하게도 내 과학 기자 생활의 시작은 무척이나 불편한 것이었다.

과학 기자의 취재 방법은 다른 분야 기자와 달랐다. 무엇보다 다른 분야의 취재원들과는 달리, 과학 분야의 주된 취재원인 교수, 연구원들은 거의 모두가 박사 학위를 지닌 전문가들이었다. 그러니, 비전문가인 나의 과학 기자 생활은 초기에 엄청난 스트레스의 연속이었다. 남들은 한두 시간이면 취재하고 기사를 쓰는데, 나는 두세 배 시간을 더 들이고 두세 배 더 많은 질문을 던져 더 많은 답을 듣고 나서야 간신히 기사를 쓸 수 있었다. 초기에는 짧은 분량이라도 난해한 주제의 기사라면, 시간이 허락하는 대로 취재원을 만나 도표와 그림, 사진을 통해 설명을 들으며 기사 내용을 확인해야 했다. 사실 과학 기자는 '사건'을 취재할 때보다는 '지식'을 취재하는 일이 많기에, 여러 측면에서 달라야 했다. 사건 현장을 발로 뛰기보다는 지식이 반드시 지나는 문을 찾아 지켜야 했다. 접근 가능한 저명한 학술지들을 정기적으로 검색하고, 주요 연구소들의 인터넷 사이트와 소식지를 틈틈이 살펴야 했다. 과학 지식의 흐름을 아는 분야별 전문가들의 네트워크를 통해 적절한 코멘트도 받아낼 줄 알아야 했다. 기사를 쓰려면 어떤 연구물이 왜 중요한지, 그 의미를 감별하는 눈도 당연하게 갖춰야 했다. 그렇지만 이런 능력들은 이상적인 희망 사항일 뿐, 나는 사실 능력 이하의 과학 기자였다.

그렇지만 여러 과학자들이 호의적인 도움을 많이 주었다. 또한 물리학, 생물학, 화학, 지질학, 그리고 여러 공학 지식들은 취재 때마다 내게 새로운 지적 호기심을 자극해 즐거움을 주었다. 점차 나는 과학 취재에 재미를 느끼게 되었다. 《네이처》, 《사이언스》, 《셀》 같은 이름난 국제 저널에 실리는 국내 연구물도 적었던 때라 대부분 언론의 과학 기사는 기획성 기사였고, 그래서 나는 상대적으로 시간을 계획적으로 운용해 여러 과학자들을 직접 만나 취재하며 과학의 세계를 그들과 함께 나눌 수 있었다. 물리학은 자연 현상을 물질·운동의 보편 법칙에 따라 설명하고 예측하며 과학의 근본 개념들을 사유하는 재미를 주었으며, 생물학과 화학은 물질의 변화와 작용을 보이지 않는 분자 수준의 미시적 메커니즘으로 이해하게 하는 새로운 세계로 안내했다. 모든 것을 원자나 분자 수준에서 설명하려는 '환원주의'의 한계를 지닌다 해도 이런 설명은 내게 매우 매력적인 '확실성'을 안겨 주었다. 우주론은 시공간에 대한 인간의 원초적 호기심을 끊임없이 자극했으며, 진화론은 다양한 종이 벌이는 경쟁과 조화의 세계를 느끼게 해 주었다. 이처럼 무궁무진한 지식의 세계, 모든 것을 설명하는 어떤 힘에 나는 압도됐다. 나는 내가 느낀 과학의 압도적 확실성을 신문 독자들한테 여러 비유와 상상을 버무려 쉽게 풀어 전하는 일이 나의 소임이라 생각하며 내 일을 무척 즐겼다.

그런 즐거움은 언제부턴가 점점 한계점에 다다르기 시작했다. 지금 생각해 보면, 아마도 그건 과학을 너무 멀리 존재하는, 어쩌면 초월적인 존재로 바라보았던 나의 태도 때문인 것 같다. '과학은 과학자만의 영역에 있으며 우리는 언제나 구경꾼으로만 과학을 바라본다. 과학은 현실의 사회와는 질적으로 다른 것이다. 우리는 과학 지식에서 지적 호기심과 경이를 즐길 뿐 과학이 우리에게 어떤 의미인지 물을 수 없다. 또 과학의 전문 지식은 원본이며 나의 취재와 기사는 원본의 변형된 복사물에 불과하다.' 이것이 정확하게 그때 느낌을 정리한 것인지 모르겠다. 아무튼 나의 소외감이 낳은 슬럼프는 점점 커졌다. 지식 전문가인 과학자의 설명을 되도록 정확하게 받아 적고, 과학적 설명을 될수록 쉽게 재미있게 풀어쓰기만을 고민하는 나는 누구인가? 전문적 식견과 통찰이 없는 기자는 고통스럽다. 이런 상황이라면 흔한 말로 기자 정신은 어디에 있는가? 과학이 정치, 경제, 사회 문화와 갈수록 긴밀한 영향을 서로 주고받는다면, 사회의 비평자인 기자는 당연히 어떤 소양을 갖추고 그 관계를 나름의 눈으로 통찰하며 취재·보도해야 하는 것이 아닌가?

저널리즘에서도 지식에 관한 보도가 필요하고 지식을 다루는 기자가 필요하다면, 그는 지식의 단순한 전달자나 소비자가 아니라 어느 정도 비평자의 안목을 갖춰야 할 것이다. 늦깎이 공부를 시작한 건 이런 생각에 휩싸인 때였다. 과학사는 특별히 흥미로웠다. 과학의 역사는 과학과 인문학의 결합 없이는 불가능한 학제 간 학문이다. 그러니까, 문과생이던 내가 과학을 이해하는 길이 학문적으로 용납되었고, 신문사에서 과학 현장을 취재하며 느끼던 과학의 정신이나 과학과 사회 문화의 상호 영향을 과학의 역사를 통해 돌아보는 기회가 되었다. 과학의 역사는 과학 지식이 지금처럼 견고한 지식으로서 체계를 갖추는 과정에서 과학 안과 과학 밖의 역사 사건들을 무수히 거쳐야 했고 과학 안팎의 수많은 변수들이 상호 작용하면서 지금의 고유한 모습을 구축했음을 보여 준다. 그래서 과학은 역사상 전례 없는 매우 강고한 지식의 체계이면서, 동시에 또한 과학 밖의 인간 생활들과 많든 적든 현실적 관련을 맺고 있는 모습을 과학사에서 새롭게 확인할 수 있었다. 나는 2002년 한 해 동안 기자 생활에서 벗어나 석사 과정 대학원생으로 살았다. 이후에 기자 일을 하면서 수업과 학위 논문을 마치고 다시 1년간 휴직을 하고 박사 과정에 다니게 되었다.

현실의 과학을 취재하던 직장 생활에서 멀리 떨어져 공부를 하다 보면 기자 생활을 할 때에는 잘 하지 못했던 여러 생각들이 든다. 그런 생각들 가운데 하나가 우리 사회의 '과학 문화'에 관한 것이다. 우리 사회에서 과학과 인문학의 두 지식 문화는 왜 뚜렷이 분절되어 있어야 하는가, 과학과 사회는 왜 진지한 상호 이해에 이르지 못하고 종종 과학주의나 반과학주의로 치닫고 마는가? 중간 점이 지대 또는 소통 지대의 문화는 왜 우리 사회에서 잘 눈에 띄지 못하는가? 이런 생각이 내 머리를 자주 맴도는 것은 아마도 나 자신이 문과 출신이면서 과학을 공부하는, 또 사회 전반의 문제를 취재하던 기자가 과학의 지식 영역에 관심을 기울이게 된 '중간적 존재'이기 때문은 아닐까? 또 내게 무척 재미있는 과학의 역사라는 학문 영역 자체가 서로 다른 지식의 세계와 문화가 교차하는 곳, 접점 또는 경계 지점에 있기 때문이라는 생각이 든다. 그러나 나의 관심이 어찌 됐든, 요즘에 우리 사회에서도 두 영역의 소통에 대한 관심이 부쩍 커지고 있다. 이에 더해 전문가와 대중의 소통, 이 분야 전문가와 저 분야 전문가의 소통도 중요한 관심사가 되어야 할 것이다. 늦깎이 공부를 하면서 내가 기자로서, 과학 문화의 소통자로서, 우리 사회에서 할 일을 찾고 어렴풋하게나마 방향의 갈피를 잡게 되기를 꿈꾸곤 한다.

공부를 하며 드는 또 다른 생각이 있다. 2002년, 2006년에 2년 가까이 신문사를 떠나 있다 보니 신문사 안에서만 바라보던 과학과 언론의 모습도 달리 보인다. 잠시 반성하는 관찰자가 되어 언론에 비친 과학, 언론의 과학 보도를 조금은 객관적으로 바라볼 수 있었다. 신문사 안에서 나는 과학 지식과 과학 활동의 복잡성을 버리고 너무도 단순하게 이해하고 보도하지는 않았던가? 이런 반성을 하면, 제멋에 취해 기사를 썼던 일이 불쑥 떠올라 낯이 저 혼자 뜨겁기도 하다. 과학 지식과 과학 활동은 과거 역사의 맥락, 현실 사회의 맥락에 닿아 있으며, 과학은 실험실과 연구실, 과학자 사회, 대중 사회에서 복잡하게 전개되는데, 흔히 '지금, 이곳의 성공한 과학 성과물'만을 제일로 치는 경향이 있지는 않았는가? 물론 이런 경향은 언론의 보도 경향뿐만 아니라 대중 사회 전반에서 단순화한 과학의 이미지에서도 자주 나타난다. 그래서 이런 한계에서 벗어나고자 한다면 이제 우리 사회도 과학을 좀 더 복잡한 실체로 좀 더 섬세한 시각으로 이해해야 하지 않을까?

물리학, 생물학, 화학 등의 서로 다른 지식 문화의 전통에도 관심을 두고, 특정한 연구 흐름이 어떤 사회·역사의 맥락에서 전개되는지에도 관심을 기울여야 하겠다. 이래야 새로운 연구 성과의 '획기성'을 과장하는 일도 줄어들고, 획기성의 과학적 의미를 제자리에 놓을 수 있다고 생각한다. 과학의 발전을 바라볼 때에 지식 자체도 중요하지만, 실험·연구실의 과학자 활동, 정책 결정자의 활동에도 관심을 기울여야 한다. 발견과 발명을 지나치게 사회·정치적 '사건' 처럼 이해하는 일도 줄여야겠다. 그래서 우리 사회와 우리 언론은 과학자들이 보기에도 부담스러울 정도로 과학에 지나치게 덧씌워진 이미지를 걷어내고, 솔직하게 과학 지식과 과학자들을 마주할 수 있지 않을까?

뒤늦은 공부를 해 어디에 쓸 거냐는 물음을 때때로 듣는다. 그럴 때면, 우리가 삶을 너무 경제적 투자 행위로 해석하는 게 아닌가 하는 생각도 문득 든다. 나도 그렇지만 대부분 사람들은 얼마를 들이면 얼마를 거둘 수 있을지, 무엇을 쓰면 무엇을 얻을 수 있을지에 은연중 관심을 둔다. 대가가 있다는 보장이나 예측이 있어야 행위를 할 수 있다는 것이다. 이건 정말 당연하게 합리적인 행위다. 그렇지만 60대에, 70대에 공부를 시작하는 사람들의 이야기를 들으면 모든 행위가 전적으로 그렇게 설명되지 않을 수 있다는 생각을 하게 된다. 이런 어르신들은 어떤 계획의 성취를 위해, 계획의 스케줄을 따라서 새로운 삶의 변화를 시도한 것은 아닐 것이다. 그런 시도 자체가 현재 그들의 삶에 새로운 변화가 되고, 그런 변화의 시도 자체가 삶에서 가치 있기 때문은 아닐까? 나는 뒤늦은 공부로 생긴 애착 때문에 공부에 매달리면서도 공부에 매달리지 말자고, 또 그러면서도 다시 공부할 수 있을 때 오늘도 열심히 공부하자고 다짐한다.

오철우 한겨레 신문사 과학 담당 기자

서울 대학교 영문학과를 졸업하고 한겨레 신문사 편집부, 사회부, 씨네21부, 생활과학부, 문화부 등을 거쳤다. 서울 대학교 과학사 및 과학 철학 협동 과정 대학원에서 석사 학위를 받고 박사 과정에 재학 중이다. 현재 복직해 과학 담당 기자로 일하고 있다. 번역서로 앨런 그로스의 『과학의 수사학』을 냈으며 함께 쓴 책으로 『인문학의 창으로 본 과학』이 있다.

역사를 읽는 과학
궁극 원인과 근접 원인에 대한 성찰

1. 한 청소년의 이야기

한 젊은이가 경찰서에 강도 상해 피의자로 잡혀 들어와 조서를 받고 있다. 그의 이름은 누현이며 나이는 17세다. 경찰은 늘 있어 왔던 강도 사건을 처리하듯이 그를 다루었다. 그의 친척들조차 경찰서에 잡혀간 그를 외면한 상태다. 다니던 학교의 담임 선생님에게 연락을 해봤지만 3개월 전에 이미 퇴학을 해 학교를 그만둔 터라 관심 없다는 답변만을 들을 수 있었다. 비난의 칼을 휘두르는 매스컴과 경찰은 마치 태어날 때부터 범죄인으로 출생한 것처럼 그를 취급할 뿐이다. 술집에 갈 돈이 당장 궁해서 그런 짓을 했느냐 혹은 편의점 주인에게 앙갚음을 하려고 했느냐, 형사는 그에게 강도짓을 하게 된 직접적인 원인을 캐물을 뿐이다. 주변 사람들은 17세 젊은이가 오늘에 이르기까지 불운했던 성장 배경에 대하여는 관심이 없다.

이런 상황을 과연 한 개인의 책임으로만 돌릴 수 있을까? 우리가 그를 진정으로 이해하고자 한다면 문제가 된 강도 행위 이전에 오늘의 그의 성격을 만들게 된 여러 가지 요인들, 부모와의 심각했던 갈

75

등, 학교에서 왕따를 당해 왔던 과거의 정신적 아픔들, 유아 시절의 불충분했던 건강 상태 등 전반적인 그의 삶의 역사를 되짚어봐야 한다. 현재 시점에서 그의 왜곡된 성격과 과잉된 행동 양식을 이해하려면 그가 자라 온 인생사를 추적해 그 안에서 궁극적인 원인을 찾아야 한다는 것이다.

이렇듯 문제를 일으킨 원인에는 두 가지가 있다. 하나는 현재 시점에서 문제를 야기한 직접적인 원인이며, 이를 근접 원인(proximate cause)이라고 부른다. 다른 하나는 현재의 문제를 발생시킨 역사적 과거를 추적해 그렇게 될 수밖에 없었던 충분한 이유를 찾아내는 일이며, 이를 궁극 원인(ultimate cause)이라고 부른다. 17세 청년 누현이를 강도 상해의 근접 원인의 당사자로서 소년원에 감금한다면 누현이의 진정한 자활을 도울 수 없다. 오히려 주변 사람들이 누현이의 아픈 과거를 공감하며 보살핌으로써 마음의 상처를 주었던 궁극적인 원인들을 관심 있게 되돌아볼 때, 그때 비로소 그의 마음의 상처를 치료할 수 있을 것이다.

2. 근접 원인과 궁극 원인

이런 이야기의 비유를 통해 현대 생명 공학의 문제를 타진해 볼 수 있다. 최근 들어 배아 줄기 세포 복제에 대한 윤리적인 문제가 제기되어 논란이 된 적도 많았다. 더 큰 문제는 생명 윤리 논란 이전에 생명 공학의 성과가 정말 현실화될 수 있는지를 냉철하게 되짚어봐야 한다는 점이다. 최근 들어 유전 공학과 관련한 과학 기술 성과들이 속속 발표되곤 한다. 대학과 기업들의 생명 공학 관련 연구소를 중심으로 성과 논문 발표와 국제 특허 신청이 마치 경쟁이라도 하듯 쏟아져 나오고 있다. 첨단의 의료 기술 혜택을 염원하는 무수히 많은 환자와 주변 사람들의 희망을 반영하듯이 매스컴 역시 대중들의 호기심을 자극하는 방식으로 생명 공학 기술을 포장하는 경우가 많다. 그러나 이런 발표가 곧 의료 복지 기술에 직접 적용되는 일은 매우 드물다. 왜 그럴까?

대략적으로 말해서 다음의 두 가지 이유에서다. 하나는 생명 공학의 연구 대상이 되는 생명 기능의 단위들 사이의 공간적 상관성을 밝혀내지 못했기 때문이다. 해당 인체 부위 혹은 기능, 생체 분자들 사이의 상관적 작용을 아직 모르기 때문이다. 다른 하나는 종의 분지 과정을 거치는 시간적 상관성이다. 즉 문제가 되고 있는 현재의 해당 부위 혹은 해당 기능이 과거의 해당 기능에서 어떠한 변화와 적응 과정을 거쳐 오늘의 기능에 이르게 되었는지 잘 모르기 때문이다. 바로 이런 이유들 때문에 연구 성과로 발표된 생명 공학의 다양한 기술들이 실제적인 재활을 희망하는 환자들의 의료 현장에 적용하기 쉽지 않은 것이다. 다시 말해서 궁극 원인을 등한시한 채 간접 원인만을 통해 문제를 해결하려 한다면 아마 연구 이론과 임상 현실 사이의 실질적 간극은 더 커져만 갈 것이다.

구체적인 몇 가지 예를 들어보자. 얼마 전 미국 피츠버그 대학교 연구팀은 TLR4(Toll-like receptor 4)라는 유전자의 변이가 태반의 염증 유발 혹은 미숙아 출산과 매우 밀접한 연관성이 있다고 발표했다. 해당 유전자는 백혈구 안의 면역 작용 발현에 원인이 되는 것이라고 한다. 또 얼마 전《네이처》발표에 따르면 남성 사망 원인이 되는 암 중에서 두 번째로 높은 비율을 차지하는 전립선암 발생에 관여하는 유전자 10개 이상을 추가로 확인했다고 한다. 다른 예를 들어 보자.

영국 뉴캐슬 대학교 연구팀은 2008년 1월 런던에서 열린 의학 학회에서 인공 수정된 여성의 배아에서 미토콘드리아만을 바꾸어 미토콘드리아의 모종의 유전병 소인을 원천적으로 없애 주는 획기적인 시험 성과를 발표했다. 먼저 미토콘드리아 유전자가 비정상이어서 유전병의 요인이 있는 어떤 여성의 난자와 남성 배우자의 정자를 인공 수정해 배아를 만들었다. 그러고 나서 건강한 미토콘드리아를 가진 제3의 여성 난세포에 수정된 배아의 핵을 이식했다. 결국 여성 2명과 남성 1명의 유전자를 적절히 배합해 아기로 태어날 배아 세포를 만든 것이다. 어머니가 갖고 있는 미토콘드리아 유전병의 요인을 아이에게 물려주지 않게 된다는 점에서 의료 복지의 신기원이라고 할 수도 있지만, 가족 유전자의 혼란을 야기한 생명 윤리 문제가 심각히 노출되었다. 세포핵에서 대부분 유전자가 전달되고 미토콘드리아에서 전달하는 유전자는 1퍼센트도 안 되지만 생명 유지에 필요한 세포 에너지를 만드는 역할을 하며, 작은 1퍼센트에 문제가 생기면 치명적인 질병으로 발전할 가능성이 높아진다고 한다. 그래서 해당 생명 공학 기술의 발표는 비윤리적 행위라는 엄청난 비난에 직면했지만, 해당 유전병 소인을 갖는 환자들은 꿈에 부풀어 있다.

이런 생명 공학의 성과물들을 사례로 들자면 끝이 없을 정도로 많다. 나는 과학 철학을 전공한 인문학자로서 이러한 과학 기술의 성과를 기독교적인 윤리 기준만을 들이대어 부정적으로 보지는 않는다. 그러나 실효성의 측면에서 그러한 무수한 성과물들을 매스컴에서 발표할 때는 신중해야 한다고 본다. 왜냐하면 발표만 하고 사라지고 만 과거의 기술 성과물들이 너무 많기 때문이다. 물론 그 기술들은 완전히 사라지는 것이 아니라 더 개선된 미래의 공학 기술을 위해 보이지 않게 누적되는 것이라고 생각한다. 그럼에도 실험실에서 갓 개발된 공학 기술과 실제적인 적용 현실 사이에 엄청난 차이가 벌어지는 이유는 간단하다. 궁극 원인을 간과하고 근접 원인만을 연구해 그 결과를 발표하기 때문이다. 앞서 예로 든 미토콘드리아 연구 등의 사례는 초기 생명 진화의 역사를 건드리지 않고 단지 현재라는 시점에서 기능상의 메커니즘을 밝힌 것으로서, 근접 원인만을 연구한 대표적인 사례다. 이러한 근접 원인만을 연구한 결과로는 당연히 생명의 난해함을 풀 수 없으며, 따라서 시험적인 실험의 연구 성과와 실제적인 임상 적용 사이에 놓인 현실의 벽은 높을 수밖에 없다.

자동차 생산 라인에 투입되어 원가를 획기적인 절감시킨 생산 로봇은 설계 도면에 따라 제작된다. 그렇게 제작된 로봇은 설계도가 제시한 그대로 작용과 기능의 근접 원인을 따라 만든 것이다. 그러나 물리적 로봇과 달리 만약 사랑을 느끼고 인간과 사랑을 공유할 수 있는 공상 과학 영화 같은 생명 있는 로봇을 만들려면 사랑이라는 살아 있는 감정이 짝짓기 활동을 하는 하등 생물에서 호모 사피엔스에 이르기까지 어떻게 진화하게 되었는지, 진화의 시간을 반드시 추적해야만 한다. 진정한 공학 기술의 실현은 근접 원인 해명만으로는 부족하고 궁극 원인을 조금이라도 더 밝히려는 노력에서 출발한다. 불행히도 궁극 원인을 연구하는 연구자는 당장의 성과물을 내기 어려운 것이 사실이다. 그럼에도 그들에게 연구를 지속할 수 있는 사회적 장치가 필요하고 기초 학문이 대우받는 분위기가 조성되어야 한다. 궁극 원인에 대한 연구를 위해서는 생명 진화의 역사 전체를 보려는 학술적 안목과 사회적 배려가 필요하다.

3. 생명 윤리 논쟁을 넘어서

자연의 진화에는 지나침이 없으며, 다 그럴 만하므로 그렇게 된 것이다. 이러한 간단한 자연의 원칙을 무시한다면 신기술의 수혜를 받는 의료 복지의 현실이 실제로 나아지는 것은 아무것도 없다. 자연의 진화는 저절로 그렇게 되는 것이며(자연 선택) 스스로 그렇게 되는 것이어서(무목적성) 오늘에 이르는 생명 형질들의 표현형이 그렇게 된 데는 다 그럴 만한 궁극 원인이 있다. 그럼에도 인간은 이런 사실을 무시하고 자연을 인간의 가치에 맞추어 평가한다. 앞서 예로 든 전립선암 유발 인자 유전자 X를 어느 과학자가 완전히 밝혔다고 치자. 그 유전자 X는 과학자에 의해 발견되는 그 순간 인간에게서 나쁜 유전자로 재탄생되고 만다. 그러나 자연에는 인간의 조건에 맞춰진 그런 선악의 기준이란 아예 없다. 다시 말해서 인간에게 나쁜 것도 자연에서는 다 그럴 만한 존재 이유가 있다는 뜻이다. 이러한 자연의 역사를 이해한다면, 나쁜 유전자 X를 제거하는 것이 곧 해당 질병을 낫게 하는 것이 아님을 알 수 있다. 유전자 X 역시 오늘에 이르는 존재의 역사와 복잡한 네트워크를 잠재적으로 갖고 있기 때문에 질병을 일으키는 근접 원인 X를 제거하기보다는 오히려 X를 발생하고 진화하게 한 자연의 과정을 알려고 하는 궁극적 접근 태도가 질병을 치료하는 현실적인 대안이 될 수 있다. 시간이 좀 걸리겠지만 말이다. 그래도 나중에 생길 수 있는 부작용을 사후에 해결하는 데 들이는 시간보다는 훨씬 짧다.

2007년 10월 인간 유전체 계획에 참여했던 크레이그 벤터 박사는 미코플라스마 게니탈리움(*Mycoplasma genitalium*), 즉 가장 작은 생명체 중 하나의 DNA를 이용하여 새로운 인공 염색체를 합성하는 데 성공했다. 이론적으로 이 인공 염색체를 살아 있는 세균에 이식하면 새로운 생명체도 만들어 낼 수 있다. 벤터 박사는 이 기술을 발전시키면 새로운 생물 종의 창조, 새로운 염색체의 대량 생산이 가능해질 것이라고 주장한다. 그러나 인간이 원하는 기능을 수행하는 어떤 인공 세균을 만들려면, 우선 그 유전체의 진화사를 추적해야 한다. 유전체 속의 단백질 암호란 단순히 생명 정보의 블랙박스가 아니라, 진화의 시간이 농축되어 어떤 형질이 발현될지 알 수 없는 생명 단위라고 보는 것이 좋다. 결국 이런 생명사적 관심이 결여된 인공 세균의 창조는 사람들이 희망했던 기능을 발현시킬 수 없다. 혹시 발현한다고 해도 그에 부수하는 부작용과 이상 기능을 막기 어렵다. 물론 그에 따르는 생명 윤리의 문제는 매우 심각할 것이다.

그래서 궁극 원인에 대한 연구는 단백질 연구를 비롯한 생명 단위의 블랙박스를 여는 시작점이며, 나아가 관행적인 근접 원인 연구와 필연적으로 결합되어야 할 연구 방법론이다. 또한 궁극 원인에 접근하는 연구 방식은 생명 윤리의 문제를 자동적으로 해결하는 결정적인 장점이 있다. 생명 공학 연구는 반드시 윤리의 사회성과 도덕의 인간학이라는 여과지를 거쳐야 함은 당연하다. 오늘날 문제가 되고 있는 윤리적 쟁점을 분석하면 다음의 두 가지로 크게 나뉜다. 그 하나는 어떤 절대 존재가 세계와 자연을 설계해 만들었기 때문에 인간이 그런 자연을 인공적으로 건드리면 절대 존재의 권능을 훼손하는 것이라는 논점이다. 다른 하나는 인간의 공학 기술로 만들어 낸 생명의 모조품은 필연적으로 부작용을 일으키게 되어 인간을 포함한 생명계 전체의 혼란이 온다는 논점이다. 첫째 논점은 지나치게 선언적이고 규격화된 절대적인 정언명법으로 구성되어 있어서, 향후 과학의 행보와 많이 모순된다. 반면 둘째 논점은 바로 이 글에서 논의한 궁극 원인 연구 방법론을 통해서 해소할 수 있다. 현재의 급속한 과학 발전의 속도로 미루어 생명 윤리 문제는 매우 시급하고 중요하다. 그러나 생명 윤리와 생명 공학은 상호 모순되는 것이 아니다. 오히려 궁극 원인을 접근하는 생명 공학은 생명 윤리 문제를 자연스럽게 해소할 수 있어서 상호 조화가 가능하다.

사람의 기관지를 붓게 하는 리노바이러스의 간단한 유전체 메커니즘조차 우리는 밝히지 못하고 있다. 리노바이러스에 대항하는 사람과 동물의 어떤 면역 유전체는 구조가 동일하지만 전혀 다른 반응을 발현하기 때문이다. 바로 그런 이유 때문에 우리는 아직 이 단순한 바이러스조차 잡지 못하고 있는 실정이다. 그런 단순 바이러스 역시 생명의 기나긴 역사를 갖고 있기 때문이다.

우리는 그 생명의 역사, 궁극 원인의 발생의 역사를 주목해야 한다. 나는 과학 철학자로서 근접 원인만의 과학 연구가 아닌 궁극 원인 연구를 포함한 그런 실제적인 과학 연구를 기대한다. 과학 연구의 폭과 깊이를 더 넓히자는 뜻이다.

최종덕 상지 대학교 과학철학과 교수

학부에서는 물리학을, 대학원에서는 철학을 전공하고 독일 기센 대학교에서 과학철학 박사 학위를 받았으며 한국의철학회 부회장, 한국과학철학회 이사로 있다. 저서로 『이분법을 넘어서』, 『시앵티아』, 『인문학 어떻게 공부할 것인가』 등이 있다.

불행한 미래를 피하는 방법

과학자도 역사를 배워야 한다

오늘날은 과학의 시대이다

최근 몇 년 사이에 고등학생들이 이공계 진학을 기피하는 현상이 늘어나고 있다. 사회 각계에서도 이런 현상을 우려하는 목소리가 높아지고 있다. 정부도 이공계 학생을 위한 장학금 지원 등 여러 가지 방책을 내놓고 있지만 상황은 그렇게 좋아지지 않고 있다. 아마 대학 이후 취업 문제나 사회적 대우가 획기적으로 나아지지 않은 한 학생들의 선택이 쉽게 바뀌지 않을 듯하다.

사정이 이렇다고 해서 현대 사회에서 과학이 차지하는 가치나 비중이 줄어드는 것이 결코 아니다. 오히려 오늘날 우리는 과학이 특별한 권위를 누리는 시대를 살고 있다. 왜 그런지 우리는 여러 가지 이유를 댈 수 있지만 두 가지 측면에서 생각해 볼 수 있다. 하나는 과학이 앎이나 생각하는 방식과 관련해서 쓰일 때이다. 우리는 "당신의 생각은 비과학적이다.", "이 사실은 과학에 의해 증명될 수 있다."라는 식의 말을 자주 한다. 비과학적이란 말은 서로의 생각이 다르다는 뜻이 아니라 한 사람의 생각이 지녀야 할 기준과 자격을 갖추지 못했다는 뜻이다. 심한 경우 비과학적이란 말은 다른 사람과 공유될 수 없는 개인적인 감정과 직관을 가리키거나 귀 기울일 필요조차 없는 헛소리와 같은 뜻이다. 반대로 과학적이란 것은 그럴듯한 근거가 반드시 있고 절차를 지키면 그것의 타당성을 확인할 수 있는 앎을 가리킨다. 그러니 과학적일 경우 사람에 대해 신뢰감을 갖게 하고 주장에 대해 동의를 하게 만든다는 힘을 가지고 있다.

다른 하나는 과학이 기술이나 문명과 연관되어 쓰일 때이다. 사실 오늘날 과학이 시대의 총아가 되었지만, 이 영광은 과학이 가진 자체의 힘만이 아니라 기술과 결합되어 사람의 삶에 커다란 영향을 끼쳤기 때문에 가능했던 것이다. 뉴턴이 공중에서 떨어지는 사과를 보고서 만유인력을 알았다고 한다. 이를 통해서 사람들은 지표에서 갑자기 공중으로 증발할 수 있지 않느냐는 괜한 불안감을 떨쳐 버릴 수 있었다. 이처럼 과학에는 사람들로 하여금 잘못된 생각이나 미신으로부터 벗어나게 하는 해방의 힘이 있다. 하지만 사람이 중력을 발견하고 그것을 이해하는 것에 그쳤다면 결코 하늘을 날 수 없었을 것이다. 인류는 이에 그치지 않고 중력을 상쇄하는 양력(揚力) 값을 계산해 내고 나아가 그 수치를 비행기라는 기계적 장치로 구현했다. 이로써 인간은 새처럼 창공을 날고 싶은 꿈을 실현하게 되었던 것이다.

여기서 잠깐 생각을 해 보자. 꿈은 사람에게 현실의 제약을 넘어서 새로운 것을 찾게 만드는 원동력이다. 이런 점에 꿈이 없는 곳에 과학이 생겨나기 어렵다고 할 수 있다. 하지만 꿈꾼다고 해서 그것이 바로 현실화되는 것은 결코 아니다. 물체에 작용하는 중력과 양력을 찾아내고 계산하는 것이 과학의 영역이다. 이 앎은 사람으로 하여금 날 수 있겠다는 꿈을 현실 쪽으로 한 발짝 더 옮겨놓을 수 있을 뿐이다. 인류가 품어 온 꿈과 찾아낸 앎이 현실에서 구현되는 것은 기술의 영역이다. 이처럼 과학과 기술이 결합할 때 우리는 불가능을 가능으로 만드는 창조적 인생을 살 수 있게 된다.

예를 들자면 에어컨으로 우리는 덥지 않은 여름을 보낼 수 있고 인공 장기로 제 기능을 못하는 장기를 대체하며 생명을 연장할 수 있게 되었다. 또 로봇은 위험하고 비용이 많이 들며 인간적인 약점을 억제해야 하는 분야에서 사람을 대신하게 될 것이다. 이처럼 과학이 기술을 만날 때가 과학이 그 자체로 있을 때보다 인간의 삶을 획기적으로 바꾸어 놓을 수 있는 것이다. 오늘날 과학이 가지고 있는 역할과 가치는 더 늘어났으면 늘어났지 결코 줄어들지는 않을 것이다.

100년 전 과학은 새로운 국가 건설의 토대였다

과학은 언제부터 우리의 생활에서 중요한 것이 되었을까? 그러니까 과학은 언제부터 현대 문명의 대표 선수로 취급되었을까? 우리는 이에 대한 역사적인 흐름을 살펴볼 필요가 있다. 역사를 보지 않으면 현재 과학의 지위를 영속화시킬 수 있기 때문이다.

주지하다시피 19세기부터 20세기 초까지 서구 열강은 자원 확보와 시장 개척을 위해서 경쟁적으로 식민지를 차지하려는 정책을 추진했다. 동아시아도 서세동점의 파도를 빗겨갈 수 없었다. 그 전까지 동아시아는 자기 완결적인 세계 질서 안에서 각자 개별적으로 근대 국가로의 길을 모색하고자 몸부림치고 있었다. 동아시아는 이질적인 서양과의 접촉을 통해 쓰라린 패배를 맛보기도 했지만 동시에 지금과는 다른 새로운 세계의 정체성에 관심을 가지게 되었다.

동아시아 사람들의 눈에 가장 먼저 들어온 것은 그들의 거대한 배, 우렁찬 소리와 함께 목표물을 산산조각 내는 그들의 함포였다. 무기 만드는 기술을 배우기만 하면 서양과 맞대결을 벌일 수 있다고 생각했던 것이다. 당시로서는 아직 문화나 철학과 같은 정신 영역은 서양에 뒤질 것이 없다고 자부했다. 그 결과 동양의 정신과 서양의 물질 또는 동양의 사상과 서양의 기술을 결합시키자는 동도서기론 (東道西器論)이 난국을 수습하는 유력한 해결책으로 간주되었다.

하지만 현실 세계에서 동양과 서양의 격차는 그렇게 빨리 줄어들지 않았다. 오히려 시간의 경과와 더불어 동양의 서양 예속화는 한층 심화되었다. 이에 동아시아 지성인들은 동서양의 해소할 수 없는 근본적인 차이의 발견에 노력을 기울이게 되었다. 즉 관심의 초점을 최종의 결과물에서 그것을 낳을 수 있는 여건과 원동력으로 옮겨 가게 되었다. 무기가 있으려면 그것을 만들어 낼 수 있는 기술이 있어야 하고, 기술이 있으려면 그것을 가능하게 하는 사회적인 제도와 시스템이 있어야 하고, 제도와 시스템이 있으려면 그것을 긍정하고 수용할 수 있는 지적 풍토가 마련되어 있어야 한다.

퍼즐 맞추기 끝에 동서양의 차이가 과학과 민주에 있는 것으로 판명 나게 되었다. 이 차이는 있어도 그만 없어도 그만인 그런 사소한 것이 아니라 두 세계의 특성을 규정하는 본질적인 것이었다. 있다와 없다는 말로 하면, 동아시아에는 과학이 없고 서양에는 과학이 있는 것으로 분류되었다. 나아가 과학이 있는 서양이 과학이 없는 동양을 지배하게 된 것이다. 이때 과학은 다양한 학문 영역의 하나가 아니라 일종의 세계관을 나타냈다. 과학이 없다면 그곳은 낙후되고 미개하고 정체되어 있어 자신의 운명을 스스로 개척할 수 없는 세계로 낙인이 찍혔다.

이로써 동아시아가 나아갈 길은 분명해졌다. 유구하게 전승되어 온 전통 문화는 이제 무가치한 것으로 밝혀져 부정의 대상이 되었고 과학과 민주는 새로운 나라에 옮겨 심어야 하는 존경의 대상이 되었다. 이에 따라 과학과 민주는 단순히 학문과 정체(政體)를 가리키는 용어가 아니라 동아시아의 앞날을 밝히는 인격적 존재가 되어서 새(賽) 선생(The Master Science)과 덕(德) 선생(The Master Democracy)으로 불릴 정도가 되었다. (중국어에서 '싸이'로 발음되는 賽는 '사이언스'의 음표기이고, '더'로 읽히는 德은 '데모크라시'의 음역이다.) 더 나아가 전통 사회의 구조를 철저하게 해체하고 서양을 기준으로 해서 국가의 기반을 완전히 새롭게 만들자는 전반서화(全盤西化, Complete Westernization)의 목소리까지 나오게 되었다. 이제 과학은 현상과 현상을 검증 가능한 방식으로 설명하는 앎 또는 학적 체제의 범위를 넘어서 국가 건설의 이념이 되었다. 이것을 간단히 말하면 과학입국(科學立國)이라고나 할 수 있을 것이다.

과학과 과학주의는 다르다

1910년대 후반에 이르면 동아시아는 과학의 나라 서양을 자신의 영원한 미래로 봐야 하는지 회의하기 시작한다. 이런 반성의 계기가 된 것은 바로 1914~1918년에 벌어졌던 제1차 세계 대전이었다. 이전까지 과학의 발전은 인류에게 무한 행복과 영속적인 평화를 보장할 것이라고 생각했다. 하지만 과학의 나라 서양은 전쟁을 벌이면서 상대를 완전히 잿더미로 만들었고 시민을 공포의 도가니로 몰아넣었다. 서양이 스스로 문명의 세계가 아니라 야만의 세계라는 점을 고백하는 것이었다.

상황이 이렇게 되자 동아시아 사람들은 과학이 인류에게 복음인가 재앙인가를 두고 반성하게 되었다. 이것은 날로 증대되어 오던 과학에 대한 무조건적인 믿음이 더 이상 성장을 멈추게 된 사건이라고 할 수 있다. 이런 맥락에서 1923년 중국에서 '과학과 현학(玄學) 논쟁'이 벌어진다. 현학(Xuanxue)은 요즘 사용하지 않는 말이지만 심오하고 근원적인 주제를 다루는 학문을 가리키는데 오늘날 철학이나 형이상학에 해당한다고 할 수 있다. 논쟁의 초점은 과학이 과연 자연 탐구의 영역을 넘어서 인생의 문제를 완전하게 해결할 수 있느냐에 있었다.

한쪽은 양자의 차이점을 제시하며 과학이 인생의 문제를 해결할 수 없다고 주장했다. 즉 과학은 객관적이고 논리적이며 분석적인 반면 인생은 주관적이고 직관적이며 종합적인 특성을 갖는다는 것이다. 다른 한쪽은 과학이 자연 현상을 연구 대상으로 삼을 뿐만 아니라 교육과 수양의 가장 좋은 도구가 될 수 있다고 주장했다. 왜냐면 진리를 찾고 편견을 제거하다 보면 사람은 진리를 탐구하는 능력을 지니게 되고 또 진리를 사랑하는 착실한 태도를 갖게 되기 때문이다. 이런 태도가 자꾸 쌓이게 되면 사람은 어떤 일을 만나더라도 차분하고 조용한 자세로 자연히 복잡한 것에서 간단한 것을, 혼란 속에서 질서를 찾아내며 논리로 자신의 사고를 단련시키게 된다.

전자가 과학으로부터 인생의 독자성을 주장하는 현학파(玄學派)에 해당하고 후자는 인생과 과학 간의 본질적인 차이를 인정하지 않은 과학파(科學派)에 해당한다. 후자는 과학이 자연만이 아니라 인간과 사회의 모든 문제를 해결할 수 있다고 하는 과학(만능)주의로 진행될 수 있다. 이에 따르면 자연과 사회에서 발생하는 모든 문제는 과학의 영역으로 환원되어 설명 가능하고 동시에 해결책이 나올 수 있다는 것이다. 이러한 과학주의는 끊임없는 과학의 발전을 안내하는 이상으로 기능할 때 타당할 수 있지만 현실에서 절대적인 기준으로 작용할 경우에는 많은 문제를 낳을 수 있다.

과학은 원래 속성상 시간과 공간의 제약을 받지 않는 보편적 앎을 지향한다. 그 보편성이 모든 사람에게 자명하지 않고 논쟁의 대상이 될 수 있다. 현대 사회에서 먹을거리의 안전성이 시민 사회의 관심사로 대두되고 있다. 예컨대 광우병 우려가 있는 쇠고기를 먹을 경우 인체에 영향을 끼칠 수 있다. 하지만 같은 쇠고기를 먹어도 사람에 따라 광우병 증상이 나타날 수도 있고 그렇지 않을 수도 있다. 또 사람이 쇠고기만을 섭취하는 것만이 아니므로 특정 음식물이 광우병의 결정적인 원인자라고 단정하기도 어렵다. 이 경우 쇠고기의 섭취의 유해성 문제를 둘러싸고 두 가지 과학적 입장이 모두 가능하다.

이처럼 과학이 절대적인 유해성 또는 절대적인 무해성 중 어느 하나를 완전하게 확정하지 못하는 상황을 배제할 수는 없다. 즉 과학이 어떤 일이 일어나지 않을 가능성을 배제하지 못한 채 이럴 수도 있고 저럴 수도 있는 개연성을 드러낼 수 있다. 결국 사람은 개인적인 신념에 따라 어떤 과학적 입장을 선택하더라도 반대의 주장이 100퍼센트 비(非)진리라고 배제할 수 없다. 그럼에도 불구하고 음식물처럼 사람의 생명과 직결되는 사안과 관련해서 무해의 가능성을 과학적으로 웅변하고 유해의 가능성을 무식의 소치로 매도한다면 과학이 자신의 이름으로 범죄를 저지르는 것이라고 할 수 있다. 지금 부정적 현상이 현실화되지 않았다고 해서 그것이 미래에 생길 불행할 결과를 근원적으로 예방할 수 없기 때문이다. 또 미래의 과학이 그때 생길 문제를 해결할 것이라고 낙관한다면 현재 세대를 미래 세대의 실험물로 간주하게 되는 것이다. 과학이 과학 만능주의를 뒷받침하게 된다면 과학자도 자기 걸음을 멈춰서야 할 때를 알아야 한다. 그렇지 않으면 과학이 자신이 그렇게 부정해 마지않던 미신이나 주술과 닮아 가기 때문이다.

공자가 『논어』에서 말했다. "많이 듣고 의심스러운 것을 비워 두고 나머지를 신중하게 말하면 과실이 적게 된다. 많이 보고 위태로운 것을 비워 두고 나머지를 신중하게 행동하면 후회하는 일이 적을 것이다." 과학자가 사적인 영역이 아니라 공적 영역에서 과실과 후회를 한다면 그것은 인류에게 재앙이 될 수 있다. 우리는 이런 실례를 먼 과거만이 아니라 현대에서 과학이 전쟁 기술과 결합될 때 너무나도 똑똑하게 목격하지 않았던가! 과오를 되풀이하지 않기 위해서 일반인도 과학자도 역사를 배워야 하는 것이다.

신정근 성균관 대학교 유학·동양학과 교수
서울 대학교 철학과를 졸업하고 동 대학원에서 석사, 박사 학위를 취득했다. 저서로 『마흔, 논어를 읽어야 할 시간』, 『동양철학의 유혹』, 『사람다움의 발견』 등이 있다.

복학생의 아날로기아
종교와 과학의 분절과 중첩

1.

학교에 계셨던 분들은 다 짐작하시겠습니다만 이른바 복학생을 보면 측은하기 짝이 없습니다. 사정이야 제각각이겠지만 아무튼 동기들과 학교 생활을 함께하지 못하고 몇 학기나 몇 년 학교를 떠나 있다가 뒤늦게 되돌아와 보면 '어린 후배'들뿐 친구가 없습니다. 저리게 외로움을 타는 것이 확연하게 보입니다. 그럴 수밖에 없습니다. 한 해 차이에 언어가 다릅니다. 그렇다고 하는 것은 생각 틀이 다르다는 것을 뜻하는 것이고, 다시 그렇다고 하는 것은 의미 체계가 다르다는 것을 보여 주는 것입니다. 그래서 그들은 함께 지내되 어울리지 못합니다. 선배연하며 목을 세워 보기도 하지만 그런 자기네 태도가 먹히는 것은 낯선 '이방인'에 대한 '본토인'들의 호기심이 지속하는 극히 짧은 기간뿐이라는 것을 곧 깨닫게 됩니다. 그렇다고 키를 낮추고 후배들 틈에 끼어들어 '나도 너와 키가 같아!' 하면서 아장걸음을 걸을 수도 없습니다. 온전히 자존심을 버리는 일이 쉽지 않기 때문입니다. 때로 '늙은 학생'들끼리 모임을 만들어 제법 '정치적'

인 제스추어도 취해 봅니다. 하지만 얼마 지나지 않아 복학생이라는 정체성에 집착해 행사하는 힘이란 것이 실은 자신들을 자학하는 모습으로 귀결하도록 한다는 사실을 알게 됩니다. 스스로 표류하는 섬이 되고 말기 때문입니다. 결국 동시대를 살면서도 복학생들은 후배들에게 '살아 있는 원시인'으로 인식되고 맙니다.

그런데 이런 '분절 현상'이 복학생과 재학생이 아닌 '자연스러운 선후배' 간에서는 그리 심하지 않습니다. 상대적으로 본다면 거의 나타나지 않는다고 해도 좋을지 모르겠습니다. 물론 그들 사이에도 이른바 '세대차'라는 것이 있습니다. 선배에 대한 '존경'이나 '역겨움'도 있고, 후배에 대한 권위주의적 '폭력'과 후견인적인 '보살핌'도 없지 않습니다. 이로부터 비롯하는 그들 간의 이질성은 거의 절대적입니다. 이런 모습은 그들 상호 간의 단절을 확인할 수 있을 매우 중요한 지표들입니다. 그럼에도 불구하고 그들에게는 앞의 경우에서 발견한 '분절'이 뚜렷하지 않습니다. 거기에는 일정한 '지속'이 관통하고 있기 때문입니다. 그런데 그 지속이란 단순하게 선적(線的)인 것이 아닙니다. 연속과 단절로 점철되는 긴 흐름이 아니라 '중첩된 시간'입니다. 그러므로 복학생이 살아 있는 원시인인 데 비해, 이 경우 선배는 '더불어 사는 살아 있는 원시인'입니다. 원시인의 현존을 '인식'하는 것과 원시인과의 공존을 현실로 '경험'하는 일의 차이를 우리는 그곳에서 발견할 수 있습니다.

2.

그렇다면 분절을 현실화한 것은 실은 '시간'이 아닐지도 모릅니다. 오히려 그렇게 한 것은 '공간'이라고 해야 옳습니다. 학교를 떠나 군대나 직장에 머물렀었다고 하는 것은 '공간의 이전(移轉)'이기 때문입니다. 그럼에도 우리가 경험하는 것은 단절된 시간이지 단절된 공간이 아닙니다. 당연합니다. 복학생이 여전히 다른 공간에 있다면 그는 아직 복학생이 아닙니다. 그런데 지금 우리와 함께 있어 그는 복학생입니다. 그런데 그는 우리와 다른 공간에 머물다 온 사람입니다. 그리고 지금은 함께 이 공간에 있습니다. 그리고 함께 이 공간에서 동시성을 누리고 있는데도 우리는 그의 존재에서 동시성으로는 설명할 수 없는 시간의 분절을 경험합니다. 시간에 간섭하는 공간 때문입니다. 아니면 공간이 낳은 '시간이 예상하지 못한 사태' 때문이라고 할 수도 있습니다. 당연히 재학생과 선후배 간에 상대적으로 분절이 드러나지 않는 사태도 공간이 만든 시간의 연속 탓이라고 할 수 있습니다. 시간 자체가 그렇게 한 것이 아니라 공간의 공유가 시간을 그렇게 지속되게 했다고 할 수 있는 것이죠.

그렇다면 여기에서 우리가 발견하는 것은 시간과 공간이 결코 이원적인 다른 범주가 아니라는 사실입니다. 시간과 공간은 실은 그렇게 둘로 나누어 서술할 수 없는 어떤 하나인데 서술의 편의상 구분한 서술 범주일 뿐이라고 생각할 수 있습니다. 그런데 우리는 그 둘이 존재론적인 범주여서 각기 나름대로 하나의 '실재'라고 여깁니다. 서로 다른 구조를 지니고 있고, 서로 다른 독자적인 자기 전개의 법칙을 가지고 있으며, 각기 다른 언어와 문법으로 자기를 드러내고 있다고 이해하고 있는 것입니다. 그리고 그러한 인식을 전제하고 우리는 자신의 존재를 그러한 시공을 축으로 해 실증하고 있습니다. 따라서 시간을 배제한 공간만으로 존재를 기술할 수 없듯이 공간을 배제한 시간만으로 존재를 기술할 수 없다고 말합니다. 시공이라는 서로 다른 존재론적 범주가 교차된 것을 좌표로 삼아야 비로소 '나는 있다.'라고 말할 수 있기 때문입니다.

하지만 우리가 앎이라든지 이론이라든지 하는 것이 지니고 있는 '전승하는 권위'를 의식하지 않고 조금만 자신에게 정직할 수 있다면 시간과 공간이 그렇게 우리 삶 속에 있지 않다는 것을 누구나 확인할 수 있습니다. 이를테면 우리는 시간을 '흐름'으로 묘사합니다. 물처럼, 화살처럼, 빛처럼 그렇게 흐른다고 말합니다. 물론 그렇습니다. 그러한 비유는 매우 적합하고 절실합니다.

그런데 우리는 그렇게 '흐르는 시간'뿐만 아니라 '중첩하는 시간'도 경험합니다. 우리는 생생하게 살아 있는 과거를 지금 여기에서 지니기도 하고, 꿈도 꿀 수 없는 미래도 그렇게 지닙니다. 이 경우, 우리는 그러한 시간을 '흘러가는 시간'이 아니라 '포개지는 시간'이라고 말할 수 있습니다. 시간의 묘사가 흐름만으로는 충분하지 않은 아쉬움을 겪는 것입니다. 그래서 '접히기도 하고 겹치기도 하며 포개지기도 한다.'라고 해야 겨우 직성이 풀리는 것이 우리의 일상적인 시간 경험이기도 합니다.

뿐만 아니라 나보다 긴 시간을 산 사람과도 함께 살고, 나보다 짧은 시간을 산 사람과도 함께 삽니다. 동시성만으로 설명할 수 없는 시간 경험의 주체들이 더불어 살아가고 있습니다. 따라서 산다고 하는 것은, 삶을 '흐름의 시간'으로 규정하고 나면 다 묘사할 수 있는 그러한 것이 아님을 쉽게 짐작할 수 있습니다. 아니, 그렇다고 하는 것이 너무 당연해서 그것이 그렇다는 것을 짐작도 하지 못하고 시간을 겪습니다. 시간에 대한 분석적이고 관념적인 개념을 좇아 의도적으로 시간을 인식하려 들지 않는다면 우리 경험은 우리가 시간을

'단순한 흐름'으로만 묘사하도록 놓아 두지 않습니다.

물론 시간을 그렇게 '포개져 겹쳐 흘러가는 것'이라고 말해 여전히 '시간의 흐름-다움'을 간과하지 않을 수도 있습니다. 이를테면 시간이 포개진다는 것은 다만 흐름의 다른 양태일 뿐 여전히 그것도 흐름이기는 마찬가지 아니냐고 할 수도 있습니다. 그렇습니다. 그것은 여전히 흐름입니다. 시간은 시간이지 시간 아닐 수 없는 것 아니냐고 하는 한 그렇습니다. 직선적인 시간에 견주어 나선형적인 시간 펼침을 묘사한 것이 그러한 주장의 내용입니다.

그러나 여전히 주목할 것은 우리가 '포개져 흘러가는 시간'만을 경험하지 않고 '포개져 차곡차곡 쌓여 가는 시간'도 경험한다고 하는 사실입니다. '쌓여 감'도 과정이라면 그 또한 흐름의 변용이라고 말할 수도 있겠습니다만 '축적(蓄積)'은 '유실(流失)'과는 다릅니다. 후자는 움직이지만 전자는 움직이지 않습니다. 이를테면 우리는 때로 시간의 '두께'를 겪습니다. 그렇게 묘사해야 비로소 흐름으로 묘사되는 시간 경험에서 놓친 어떤 것을 이야기할 수 있다는 것을 말할 수 있습니다. 일정한 '자리'를 차지하는 시간을 묘사하고 싶은 것입니다.

이를테면 고고학은 시간의 단층을 한 켜 한 켜 캐내는 일과 다르지 않습니다. 서리서리 타래를 틀고 흐름을 거절한 채 대지의 지층들을 이루며 축적된 시간들을 가닥가닥 풀어내는 것이 다름 아닌 고고학입니다. 그러므로 이는 '공간화된 시간'이 전제되지 않으면 있을 수 없습니다. 이러한 자리에서 보면 '흘러간 시간'이란 없습니다. 우리가 잊은 시간은 있어도 소멸된 시간은 없습니다. 시간은 철저하게 공간화되어 '상존'합니다.

그러고 보면 어쩌면 '존재하는 것은 모두' 그것 자체로 '집적된 시간'이라고 해야 옳을지도 모릅니다. 제왕나비도 시간이고 그 녀석이 먹는 박주가리도 시간입니다. 돌멩이도 시간이고, 바람도 시간입니다. 나도 시간이고 당신도 시간입니다. 도시도 국토도 그러하고 지구도 다르지 않습니다. DNA도 마땅히 시간입니다. 무게가 있고 두께가 있습니다. 그런데 그 모든 것들은 '자리'를 차지하고 있습니다. 자리가 있어 시간이 거기 깃듭니다. 시간은 공간화되지 않으면 있지 못합니다. 그런데 공간도 다르지 않습니다. 시간을 자기 안에 품지 않으면 공간은 끝내 침묵합니다. 자기를 드러내지 못합니다. 다시 말하면 자기로부터 풀어지는 시간에다 자기를 싣지 못하면 공간은 자기를 하나의 존재로 도무지 드러낼 길이 없습니다. 그러므로 시간이 있어 공간이 있고, 공간이 있어 시간은 있습니다. 그 둘은 둘이 아니라 실은 하나입니다. 둘이란 다만 서술상의 편의일 뿐입니다. 그리고 하나라 할 때조차도 그것은 둘에 선행하는 하나가 아니라 총체 개념으로서의 하나라고 해야 적합합니다.

종교와 과학의 갈등을 접할 때마다 저는 위에서 든 '복학생 아날로기아(analogia)'를 떠올리곤 합니다. 과학이 복학생일 수도 있고 종교가 복학생일 수도 있습니다. 그 역도 가능합니다. 그런가 하면 후배가 과학일 수도 있고 선배가 종교일 수도 있습니다. 다시, 그 역도 가능합니다. 그런가 하면 전자의 구조가 종교와 과학의 관계를 결정하는 것일 수도 있고, 후자의 구조가 둘의 관계를 결정하는 것일 수도 있습니다. 전자는 첨예화된 갈등을, 그리고 후자는 다듬어진 공존을 그리는 것이라고 할 수도 있습니다.

문제는 다른 공간의 경험이 동시성 안에서 빚는 혼효(混淆)입니다.

아니면 다른 시간의 경험이 동일한 공간 안에서 빚는 혼효라고 해도 괜찮을 듯합니다. 그런데 그 혼란스러움을 빚는 것은 실제적인 삶이 아닙니다. 삶을 서술하고 설명하고 해석하는 개념들입니다. 삶은 이미 충분히 '섞여' 있습니다. 과학은 종교와 갈등하는지 몰라도 과학자는 종교와 화해하는 것이 어렵지 않습니다. 역도 참입니다. 종교는 과학과 갈등할지 몰라도 종교인은 과학과 공존하는 것이 불편하지 않습니다. '기도하는 과학'이란 불가능한 서술이지만 '기도하는 과학자'는 현실입니다. '질병을 탐구하는 종교'란 불가능한 서술이지만 '의료 행위를 통해 치유되는 종교인'은 현실입니다. 문제는 개념이 낳은 '분절의 정황'에서 그 둘이 접점을 찾는 일입니다.

제대한 복학생이 있었습니다. 학교에 돌아온 지 얼마 되지 않아 그는 예의 복학생 신드롬을 드러냈습니다. 복교 인사차 들렸을 때의 환하고 들뜬 표정은 곧 사라졌습니다. 그는 늘 혼자였습니다. 강의실에서도 그는 먼 뒷자리에 앉아 있었습니다. 주변에는 아무도 없었습니다. 얼굴에는 우수가 어렸습니다. 어느 날, 저는 제 연구실 창밖의 플라타너스 나무 밑의 벤치에 앉아 있는 그를 3층 위에서 물끄러미 내려다보았습니다. 햇빛이 그의 머리에 쏟아지고 있었습니다. 제가 할 일을 다 마치고 다시 창문 앞에 섰을 때는 그의 등 뒤에 비치는 햇빛이 긴 그림자를 벤치 앞에 드리우고 있었습니다.

그런데 어느 날입니다. 저는 그를 층계에서 만났습니다. 그리고 깜짝 놀랐습니다. 그는 다른 사람이 되어 있었습니다. 얼굴은 환하고 빛이 났습니다. 걸음과 몸짓이 출렁이듯 힘으로 가득 차 있었습니다. 저를 보는 눈이 그렇게 반가울 수가 없었습니다. 제가 말했습니다. "너 좋은 일 있구나." 그가 말했습니다. "네. 후배 여자 친구가 생겼어요!" 제가 주책없이 물었습니다. "예쁘냐?" "네. 무지무지하게 예뻐요." "그래? 한번 데리고 오너라. 내가 점심 사 줄게!"

며칠 뒤, 그는 자기 여자 친구와 함께 제 연구실에 왔습니다. 저는 순간 그와 함께 온 여학생이 그의 여자 친구가 아닌 줄 알았습니다. 단언컨대 예쁘지 않았기 때문입니다. 그러나 그는 한껏 행복해했습니다. 제가 아는 한, 그는 자기 여자 친구를 남들이 아름답다고 하지 않으리라는 것을 모르지 않을 겁니다. 그러나 그는 남은 대학 생활을 내내 환하고 즐겁게 지냈습니다. 사랑은 그를 어떤 정체성 신드롬에서도 자유롭게 해 주었습니다.

사랑한다는 것은 개념 이전이고 또 이후입니다. 개념에서 비롯하는 '돈독'함과 '진지'함은 양자의 갈등을 극대화합니다. 하지만 사랑은 그 갈등을 지양합니다. 갈등의 현존을 부정하는 것이 아니라 그것을 의미로 수용합니다. 사랑은 분절과 중첩을 그대로 안습니다. 그리고 그 사태가 새로움을 빚을 거라는 기대를 현실화합니다. 그렇다면 종교와 과학 간의 갈등을 자기 정당화의 도구로 휘두르는 사람들은 종교나 과학을 제각기 지극히 아끼고 귀하게 여기기는 해도 아직 '삶'을 사랑하지는 않는 사람인지도 모릅니다. 어쩌면 분명히 그럴 것입니다.

감히 말씀 드리거니와 저는 '복학생의 문화'에서 이러한 발언을 들을 수 있었습니다

정진홍 서울 대학교 명예 교수

종교는 '주어진 것'보다는 '만들어진 것'이라는 인식을 바탕으로 종교문화에 대한 다양한 글을 써오고 있다. 서울 대학교 종교학과와 동 대학원을 졸업하고, 미국 유학 이후 덕성 여자 대학교, 명지 대학교를 거쳐 1982년부터 서울 대학교 종교학과 교수로 재직했다. 2003년 서울 대학교 정년 퇴임 이후 한림 대학교를 거쳐 이화 여자 대학교 이화 학술원 석좌 교수, 한국종교학회 회장, 한국종교문화연구소 이사장을 역임하고 현재 서울 대학교 명예 교수로 있다. 저서로는 『종교학 서설』, 『종교문화의 이해』, 『한국 종교문화의 전개』, 『종교문화의 인식과 해석』, 『종교문화의 논리』, 『경험과 기억』 등이 있다.

안경을 새로 맞추며
과학의 혁명성과 철학의 소임

1.

오늘 안경점에 들렀다. 최근 들어 눈이 침침해졌다는 느낌을 받았기 때문이다. 나의 시력이 이전보다 나빠졌다고 말하면서 점원은 새로운 안경을 맞추라고 권한다. 그래서 나는 3년 동안 내 몸의 일부분처럼 착용했던 안경을 새 것으로 바꾸게 되었다. 나의 시력에 맞는 새 안경을 쓰자마자, 미처 내가 보지 못한 새로운 세상이 열리듯이 사방이 명료해졌다. 순간 나는 이상한 느낌이 들었다. 지금 이렇게 환하게 보이는 것들이 이전에는 분명 흐려 보였을 것이다. 그러나 나는 지금까지 흐리게 보인다는 생각조차 하지 않았다. 오직 시력에 맞는 새로운 안경을 걸친 바로 이 순간 나는 이전의 광경들이 흐렸다는 사실을 뒤늦게 자각하게 된다. 문득 처음으로 안경을 쓰던 어린 시절로 거슬러 올라간다.

안경을 처음 착용했을 때 느낀 놀라움을 나는 지금도 잊지 못하고 있다. 희미하게 보이던 칠판 글씨, 그걸 보려고 안간힘을 쓰고 눈살을 찌푸리던 기억. 그러나 어머니 손에 이끌려 안경점에 들렀을 때, 새로 맞춘 안경은 나의 모든 삶을 순식간에 바꾸어 버렸다. 이제 칠판 글씨를 보려고 인상 쓸 일도 없었으며, 흐릿하게만 보이던 뒷산의 능선도 또렷이 두 눈에 들어왔다. 신기한 마음에 나는 안경을 벗고 쓰기를 몇 번이나 되풀이했다. 그 순간에도 나는 이상한 기분을 느꼈던 것 같다. 내 마음속에 불현듯 다음과 같은 의문이 찾아들었기 때문이다. 안경으로 보는 세계와 맨눈으로 보는 세계 중 과연 어느 것이 진짜일까? 만약 안경으로 보는 세계가 진짜 세계라면, 안경이 없어졌을 때 나는 진짜 세계를 잃어버리게 되는 것일까? 반대로 맨눈으로 보는 곳이 진짜 세계라면, 안경으로 보는 세계는 거짓된 세계라고 해야 할까?

그때 나는 별다른 대답을 내놓을 수 없었던 같다. 그저 불쑥 찾아든 이런 심각한 질문에 일종의 현기증과도 같은 막막하고 어지러운 느낌을 받았을 뿐이다. 아마 그때의 현기증은 내가 진짜 세계와 거짓 세계를 구분할 능력을 가지고 있지 않았기 때문에 생겼던 것일 수도 있다. 아니면 어쩜 어린 시절 나는 잘못된 질문을 던졌던 것인지도 모른다. 진짜인가 아니면 거짓인가는 사실 중요한 문제가 아닐 수도 있다. 오히려 진정으로 중요한 것은 내가 처음으로 안경을 착용했다는 사건, 즉 처음 쓴 안경이 내게 가져다준 새로움이 아니었을까? 사실 새로움이 나에게 도래했기 때문에 나는 낡음도 자각할 수 있었을 것이다. 지금 생각해 보면 진짜와 거짓이란 구분은 오직 새로움이 도래한 경우, 즉 새로움이란 사건이 발생한 뒤에만 사후적으로 만들어지는 것이었다. 오늘 안경을 새로 맞추면서 나는 보이지 않던 것이 보이게 되는 현상, 혹은 안경이 가져다준 낡음과 새로움에 대해 다시 한번 생각하게 된다.

2.

빛이 없다면 혹은 눈이 없다면 우리에게 무엇인가를 본다는 작용 자체도 불가능했을 것이다. 뿐만 아니라 빛과 눈에 대한 과학적 인식이 부재했다면, 우리로 하여금 새로운 것을 보게 만드는 렌즈 기술도 발생할 수 없었을 것이다. 그렇다면 안경이라는 물건은 겉보기와 달리 무척 심오한 의미를 함축했을 수 있다. 그것은 광학이라는 학문이 구체화된 것이기도 하기 때문이다. 광학은 무엇보다도 빛과 빛을 느끼는 눈에 대한 사유로 이해될 수 있을 것이다. 일상적으로 우리는 어떤 장미꽃을 보고 붉다고 느낀다. 마치 장미꽃이 붉은색을 가지고 있는 것처럼 말이다. 그러나 광학에 따르면 붉은 꽃이 붉게 보이는 이유는 꽃이 태양빛 가운데 붉은색을 띠는 파장의 빛을 반사하고 있기 때문이다. 그렇다면 그 꽃이 원래 붉은색을 가지고 있다고 말할 수 없을 것이다. 이와 같은 방식으로 광학이란 학문은 대상을 보는 작용에 대한 우리의 소박한 이해 방식을 근본적으로 동요시켰다. 그러나 이런 동요나 그로부터 오는 낯섦이 없었다면, 우리는 안경의 핵심이라 할 수 있는 렌즈를 만들어 낼 수 없었을 것이다.

철학에 관심이 없는 사람도 데카르트나 스피노자와 같은 학자들의 이름을 기억할 것이다. 그런데 이 위대한 두 철학자가 광학에 깊은 관심과 조예를 지녔다는 점을 아는 사람은 별로 없다. 스피노자는 당시에 질 좋은 렌즈를 만드는 기술자로서도 유명했다. 그는 렌즈를 연마할 때 발생하는 유리 가루를 너무나 많이 들이켜서 마침내 폐결핵으로 죽었다고 전해질 정도이다. 죽기 바로 얼마 전인 1667년 3월 3일에 스피노자는 광학에 대한 데카르트의 판단이 옳지 않음을 밝히는 편지를 쓰고 있었다. 이 편지에 따르면 데카르트는 안구에서 어떻게 빛이 수렴되는지를 정확히 이해하지 못했던 것 같다. 사실 눈과 빛의 관계를 정확히 파악하지 못했다면, 즉 광학에 대한 이해가 정밀하지 못했다면 렌즈는 만들 수 없었을 것이다. 설령 만들어졌다고 해도 우리의 보는 작용에는 그다지 도움이 되지 못했을 것이다. 스피노자는 난해하고 복잡한 형이상학 체계를 구성했던 것으로 악명 높은 철학자이다. 그런데 그와 같은 철학자가 자신의 죽음을 바로 눈앞에 두고 광학에 대한 사유에 몰두했던 이유는 과연 무엇이었을까?

광학에 대한 스피노자의 지속적인 관심은 하나의 상징적 사건으로도 읽을 수 있다. 앞서 말했듯 렌즈의 제조는 빛과 눈에 대한 정확한 이해를 전제로 한다. 그리고 이렇게 만들어진 렌즈는 우리에게 보이지 않던 것을 보이게 하는 기능을 수행한다. 철학자 스피노자는 바로 이런 현상에 주목한 것이 아니었을까? 당시는 종교적이고 미신적인 사유가 마지막 숨을 거세게 몰아 쉬던 시대였다. 근대 초 자연과학의 성과를 비판적으로 흡수한 스피노자의 철학은 전통과 우상을 파괴하는 혁명적인 사유로 간주될 수밖에 없었다. 그것은 철학자 스피노자가 종교적 사유를 통해서는 보이지 않던 것, 더 정확히 말해 종교적 사유가 애써 감추려고 했던 것들을 보여 주었기 때문이다. 그가 일찌감치 유대 교회에서 저주를 받고 파문을 당했던 것도 바로 이런 이유에서였다. 이 점에서 스피노자의 철학은 당시에는 새롭게 맞춘 안경과도 같은 역할을 담당했다고 말할 수 있다. 렌즈 연마에 요구되는 열정과 정성으로 그는 자신의 철학을 다듬어 나갔던 것이다. 새롭게 만들어진 렌즈를 통해 세상을 낯설게 보는 것처럼, 그는 자신의 철학을 통해서 세상을 새롭게 성찰할 수 있었다.

3.

렌즈는 안경에만 사용되는 것이 아니다. 그것은 현미경 혹은 망원경에도 사용될 수 있다. 현미경과 망원경은 우리가 일상적 경험으로는 확인할 수 없는 세계들을 우리에게 열어 놓는다. 보이지 않던 세계를 보이게끔 만들기 때문이다. 이제 우리는 오랫동안 악마의 농간으로 여겨졌던 질병의 원인이 세균이라는 것을 알 수 있게 되었다. 다른 한편 계수나무 밑에서 방아를 찧고 있다던 토끼가 달에 살고 있지 않음을 알게 되었다. 한번 생각해 보자. 최초로 현미경과 망원경을 들여다보았던 어느 과학자의 설렘을 말이다. 흥미로운 영화가 시작되기 직전 극장에 앉아 숨죽이고 있는 관객들처럼, 그는 긴장과 두려움, 강렬한 흥분 속에 빠져 있을 것이다. 도대체 어떤 세계가 그의 앞에 펼쳐질 것인가? 그것이 과연 어떤 세계이든 간에 일상적인 세계와는 무척이나 다른 놀라운 세상이 우리에게 전개될 수도 있다. 렌즈를 통해서 바라본 세계는 일상적 세계의 모든 것을 허물고 좌절시킬 수도 있기 때문이다.

과학이 단순히 기술을 넘어서는 이유도 바로 여기에 있다. 과학은 근본적으로 새로운 시선을 만드는, 따라서 기존의 시선을 폐기하는 혁명성을 가지고 있다. 기술은 유용함이란 척도로 자신의 존재 가치를 증명해야만 한다. 그러나 과학은 이러한 인간적 유용함을 넘어서려는 다른 의미의 초월성, 즉 새로운 세계를 열어 주는 혁명성을 통해서만 자신의 존재를 증명할 수 있을 뿐이다. '과학 혁명'을 고찰하면서 토머스 쿤은 정상 과학의 시기와 과학 혁명의 시기에 대해 이야기했던 적이 있다. 그런데 정상 과학의 시기에 기술의 결합 혹은 기술의 축적이 가능하다고 말할 수는 있겠지만, 과학이 자신의 본래 모습을 드러낸다고 할 수는 없을 것이다. 친숙한 세계를 파괴해 버릴 수 있는 낯선 세계의 모습을 보여 주는 시기, 즉 과학 혁명의 시기에만 과학은 자신의 파괴적인 위용과 힘을 드러내기 때문이다.

과학은 세계에 대한 새로운 시선을 창조하고, 따라서 새로운 진리를 발명해 낸다. 안경이 그랬던 것처럼 여기서 중요한 것은 사실 진짜인가 거짓인가의 구분이 아니라 낡은 것인가 새로운 것인가의 구분이다. 그런데 아쉽게도 과거에 하이데거를 포함한 많은 철학자들은, 과학이 제공하는 새로운 세계에 대해 진짜냐 거짓이냐라는 구분을 관철시키려고 시도했다. '숲길'에서 느껴지는 목가적인 정서를 노래하면서 하이데거가, 과학을 '기술 통치'의 결과라고 주장하고 기술이 가져다주는 지구 황폐화를 진지하게 고발했던 것도 바로 이런 이유에서이다. 아쉽게도 그는 지구를 황폐화시키는 것이 기술 자체라기보다 자본의 충동에 포획된 기술이라는 점을 간과하고 있었을 뿐만 아니라, 과학이 단순히 기술의 결과라는 전도된 생각을 유포시키고 말았다. 우리가 지금도 하이데거의 오류를 지적할 수밖에 없는 이유는, 의도했든 그렇지 않든 간에 그가 과학이 지닌 혁명성을 은폐하는 데 일조했기 때문이다.

4.

소크라테스 이래로 철학은 모든 앎에 대한 비판적 성찰이라고 이해되어 왔다. 이 점에서 현대 프랑스의 바디우는 철학의 본령에 충실한 철학자라고 할 수 있다. 그는 진리의 공정들이 바로 철학의 조건이라고 이야기한다. 그런데 바디우의 이 말은 철학이 진리를 직접적으로 생산하지는 못한다는 것을 의미한다. 그는 진리가 무엇으로부터 생산된다고 보았던 것일까?

　바디우에 따르면 수학, 시, 정치, 그리고 사랑이야말로 진리를 생산하는 네 가지 중요한 진리 공정이다. 여기서 수학이라는 진리 공정은 사실 과학을 상징하는 것이라고 할 수 있다. 한편 진리 공정들이 이 네 가지로만 한정될 이유는 전혀 없을 것이다. 중요한 것은 철학이란 것이, 이와 같이 다양한 진리 공정들에 대한 숙고와 성찰에서 출현한다는 바디우의 주장이다. 그에 따르면 철학은 다양한 진리 공정들이 각자의 자리를 잡고 서로 소통할 수 있는 통일된 개념적 공간을 마련하는 것이다. 시, 정치, 사랑이란 진리 공정이 새로운 세계를 우리에게 열어 주듯이 수학으로 상징되는 과학도 우리에게 새로운 세계를 열어 주는 진리 공정이다. 그래서 과학 역시 본성상 혁명적일 수밖에 없다. 진정한 과학이 존재한다면, 그것은 매번 새로운 세계와 새로운 진리를 창조하고 우리로 하여금 새로운 세계에 적응하도록 강제하기 때문이다. 그런데 흥미로운 점은 철학적 관점이 이 지점에서 두 가지 흐름으로 갈라설 수 있다는 사실이다. 하나의 흐름은 과학이 제공하는 새로운 세계에 대해 불신하는 입장, 즉 하이데거로 대표되는 철학적 입장이다. 다른 하나의 흐름은 과학이 열어 놓은 새로운 세계를 긍정하며 그것을 포괄하는 새로운 철학적 전망을 모색하려는 입장이다. 사실 전자는 쉽고, 후자는 매우 어려워서인지 대부분의 철학자들은 하이데거가 취했던 전자의 입장을 따르려는 경향을 보이고 있다.

　과학에는 역사가 있고, 그만큼 철학에도 역사가 있다. 역사 속에는 거짓된 세계와 진짜 세계라는 종교적이고 허위적인 이분법이 발을 들일 수 없다. 역사의 공간에서는 낡은 세계와 새로운 세계 간의 역동적이고 창조적인 생성의 과정만이 가능할 뿐이다. 과학과 철학이야말로 역사성, 다시 말해 역동성을 대표한다. 물론 바디우의 지적처럼 철학의 역사성은 기본적으로 과학이란 것이 혁명적인 진리 공정이기 때문에 가능한 것이다. 철학은 과학의 진리가 다른 진리 공정들과 함께 공존할 수 있는 개념적 질서를 모색하는 비판적 성찰의 작용이다. 그러나 철학자라고 자부하는 나 자신은 과연 어떤가? 나는 진정 철학의 소임을 충분히 수행하고 있는 것일까? 아니면 아직도 철학사의 흔적에 사로잡힌 낡은 세계의 진리를 설교하는 광대 노릇을 하는 것이 아닐까? 새로 맞춘 안경을 만지작거리자니, 나의 뇌리에는 수많은 생각들이 오고간다. 광학, 새로운 세계, 과학 혁명, 스피노자와 하이데거, 바디우, 그리고 철학의 소임!

강신주 철학자

연세 대학교에서 「장자 철학에서의 소통의 논리」로 박사 학위를 받았다. 동양 철학과 관련된 다양한 저술을 통해 동양 철학의 가능성을 새롭게 부각시키는 작업과 아울러 비교 철학적 연구를 수행하고 있으며, 나아가 철학을 대중화하는 데 힘을 쏟고 있다. 저서로는 『Mark Rothko 마크 로스코』, 『망각과 자유』, 『강신주의 감정수업』, 『장자: 타자와의 소통과 주체의 변형』, 『노자: 국가의 발견과 제국의 형이상학』, 『장자의 철학: 꿈, 깨어남 그리고 삶』, 『장자와 노자: 도에 딴지 걸기』, 『공자와 맹자: 유학의 변신은 무죄』, 『철학, 삶을 만나다』, 『중국 철학 이야기1』, 『장자, 차이를 횡단하는 즐거운 모험』 등이 있다.

과학의 변경 지대에서

영토의 끄트머리라 하면 흔히 긴장감이 흐른다고 생각하기 일쑤다. 접경 지역이므로 군사적 도발의 가능성이 높다고 생각해서다. 과학과 인문학의 만남을 비유하는 방식이 될 수도 있다. 그렇다면 생각의 틀을 바꾸어 보자. 국경과 국경이 맞닿아 있는 곳이 아니라, 땅과 바다가 만나는 갯벌로 말이다. 그곳이라면 긴장감이 아니라 오히려 생명력의 잠재성을 발견하게 된다. 과학과 인문학의 만남으로 이만한 비유가 없으리라. 서로 갈마들며 새로운 것을 낳는 놀라운 일이 벌어지는 공간으로서 변경 지대가 되니 말이다. 여기에 실린 글들은, 인문적이면서 과학적인 또는 과학적이면서 인문적인 주제 의식을 담고 있다. 혼융과 생성의 기쁨을 만나 볼 수 있다는 뜻이기도 하다.

과학 비평은 가능한가?
과학 읽기의 다양성을 위하여

문학은 오랜 비평의 역사를 가지고 있다. 좋은 비평은 작가에게 자신의 창작물을 타인의 눈으로 볼 수 있는 기회를 제공할 뿐만 아니라, 문학을 애호하는 독자들에게도 작품에 대한 시야를 넓히고 그 속에 들어 있는 여러 가지 의미와 메시지를 해석할 수 있는 다양한 관점을 제공한다. 둘의 관계는 매우 독특하다. 우선 창작이 없으면 비평은 존재할 수 없다. 반면 비평은 작품 자체에 대해서뿐만 아니라 작품의 사회·문화적 배경과 그 속에 배태된 역사성과 같은 거시적인 맥락을 짚어 준다. 따라서 창작도 비평 없이는 온전히 그 존재 의의를 확인받지 못한다. 더구나 비평은 작가와 그의 작품을 읽는 독자들을 연결해 주는 일종의 소통 구조 역할을 한다. 어떤 면에서 비평이라는 작업은 가장 엄밀한 독서 행위이며, 비평가는 주요한 독자층의 하나다. 창작 없는 비평이 있을 수 없듯이 독자 없는 창작도 있을 수 없다. 그런 면에서 '창작과 비평'은, 같은 이름의 오래된 잡지도 있듯이, 서로 떼려야 뗄 수 없이 밀접한 상호 의존성을 가진다.

그렇다면 문학 비평은 있는데 왜 '과학 비평(science criticism)'은 없을까? 과학 비평 문제를 철학적 관점에서 다룬 과학 철학자 돈 아이디는 이렇게 말한다.

미술 혹은 문학 비평가가 아무리 혹독하게 비판적으로 글을 썼더라도 그들을 '반미술적'이라거나 '반문학적'이라고 부르는 사람은 거의 없을 것이다. 그리고 특정한 미술 작품이나 텍스트를 지나칠 정도로 비난했거나 품위를 손상시켰거나 심하게 다룬 것이 사실이라고 하더라도, 사람들은 대개 그 비평가가 일반적으로 '반미술적' 혹은 '반문학적' 성향을 지녔다고 생각하지는 않는다. 이는 오히려 그 비평가가 비평 대상으로 삼은 주제에 대해 너무나 열정이 넘치기 때문일 것이다. 그러나 과학 비평 혹은 기술 과학 비평의 경우에는 이러한 '상식적인' 사고 방식이 적용되지 않는다.[1]

아이디는 문학이나 미술에 대한 비평이 아무리 혹독해도 사람들은 그 비평가를 반문학적, 반미술적이라고 비난하지 않으며 이러한 비평이 문학이나 미술에 대한 사랑과 열정의 한 표현이라고 이해하지만, 유독 과학에 대해서는 예외적인 사고방식이 적용된다고 주장한다. 아이디는 기술 사회학자 랭던 위너의 말을 인용한다.

음악이나 연극, 미술비평가들은 유용하고 잘 확립된 역할을 가지고 있지만. 안타깝게도 (기술 과학에 대한) 비평은 같은 방식으로 환영받지 못하고 있다. 도구나 그것의 이용에 관한 지극히 일상적인 관념을 과감히 뛰어넘어 글을 쓰거나, 기술적 형태가 우리 문화의 기본적인 유형 및 문제점과 어떤 방식으로 관련되어 있는지를 연구하는 저자들은 그들이 단지 "반기술적"(혹은 "반과학적")일 뿐이라거나 "(기술 과학을) 비난하고 있다."라는 공격에 직면하게 된다. 이 분야의 비평가로서 첫발을 내디뎠던 사람들, 루이스 멈포드, 폴 굿먼, 자크 엘룰, 이반 일리치 등은 모두 하나같이 도매금으로 넘어가 똑같은 비난을 받아 왔다.[2]

무엇이 과학 비평을 막는가?

비단 아이다나 랭던의 말을 빌리지 않더라도 우리는 이미 과학 비평이 얼마나 힘든지 뼈저리게 체험했다. 우리에게 아픈 기억을 남긴 황우석 사태는 과학이 만들어지고 있는 현장 안에서든 바깥에서든 우리 사회에서 과학에 대한 비평이 얼마나 힘든 것인지 여실히 보여 주었다.

여기에는 두 겹의 왜곡 구조가 작동하고 있다. 하나는 과학 일반, 즉 17세기 과학 혁명으로 근대 과학이 수립되고 이후 근대 세계 자체가 송두리째 과학화(科學化)되는 과정에서 과학이 막대한 권력을 가지게 된 역사적 맥락이다. 앞의 두 인용문은 이러한 일반적인 상황에서 빚어진 과학 비평의 어려움을 토로했다. 그들은 과학이 중세 시대의 종교를 대체할 정도로 막강한 권력을 가지게 되면서 비평을 어렵게 만들었다고 말한다. 그런데 우리는 해방 이후 서구의 근대 과학을 급히 들여와 1960년대와 1970년대 과학입국의 구호 아래 경제 개발 계획을 추진하는 과정에서 또 한 겹의 왜곡을 겪었다. 절대적 빈곤을 극복하고 조국 근대화를 이룩한다는 지상 명령에 과학은 철저히 복무할 수밖에 없었다.

그런데 그 과정에서 과학이 과도하게 경제 성장이나 국가 발전과 등치되는 부작용이 나타났다. 즉 과학자나 정부의 과학 정책 입안자들뿐만 아니라 대중들의 마음속에도 "과학=경제 발전", "과학=국가"라는 등식이 깊이 각인된 것이다. 과학의 독법(讀法)은 오로지 과학을 잘 이해하고 받아들이는 것으로 인식되었다. 그리고 우리의 역사적 과정은 이것을 부추겼다. 박정희가 1973년에 출범시킨 '전 국민 과학화 운동'에서 시작해서 오늘의 '과학 대중화'에 이르기까지 대중들에게는 오로지 과학을 이해하려고 노력하고 그것을 받아들이는 독법만이 허용되었다.

그러저러한 결과로 우리에게는 다른 식의 과학 읽기가 무척 낯설다. 그래서 과학, 특히 우리를 먹여 살릴 것이라고 가정하는 이른바 성장 동력 목록에 들어간 과학 기술에 대한 과도한 비평은 거의 금기시되어 왔다. 언론에 실린 과학 기사는 대부분 50퍼센트의 내용 설명, 40퍼센트의 의미 부여와 칭찬, 그리고 "그러나 이러저러한 문제점도 인식할 필요가 있다."라는 식의 10퍼센트가량의 문제 제기로 이루어지는 전형을 창출했다. 이러한 황금 비율을 어기거나 안마 수준을 넘어서는 비평에는 대개 "남의 뒷다리 잡기 좋아하는 공론", "무한 경쟁 시대에 무슨 한가한 소리"라는 볼멘 불평이 나오다가 그래도 멈추지 않으면 드디어 "반과학", "매국노"라는 무시무시한 낙인찍기가 시작된다. 우리 사회에서는 이런 낙인이 상당한 효과를 발휘하기 때문이다.

과학 비평은 다양성을 낳는다

그러나 과학을 둘러싼 상황은 많은 변화를 겪었고, 우리 사회에서도 진작부터 다른 식의 과학 읽기를 요청하고 있었다. 이제 일부 분야에서는 세계에서 가장 앞서가는 기술력을 갖추게 된 상황에서 과학 발전 자체를 위해서도 이른바 글로벌 기준을 맞추어야 한다는 인식이 형성되었고, 묻지 마 투자 식의 연구비 쏟아 붓기가 능사가 아니며 그동안 뒷전으로 밀렸던 윤리, 사회, 문화 등의 측면을 고려해야 한다는 주장도 여기저기에서 들려오기 시작했다.

과학 비평은 문학이나 미술, 음악과 달리 두 방향에서 이루어질 수 있다. 하나는 과학자 사회 내부에서 자체적으로 이루어지는 비평이고, 다른 하나는 외부의 비평이다. 내부 비평에는 다양한 과학자 단체들이 동료 과학자나 정부의 과학 정책에 대해 다양한 관점을 제시하고 담론을 생산하는 비평이 있고, 지난 번 황우석 사태를 폭로하는 데 결정적인 역할을 했던 내부 고발자에 의한 비평이 있다.

그러나 이것만으로는 불충분하다. 과학자 사회의 특수성, 즉 과학자 공동체는 다른 사회와 달리 독특한 규범과 스스로를 규율할 수 있는 자기 규제 능력이 있다는 주장이 오랫동안 제기되었지만, 빈발하는 과학 사기 사건에서 보듯 과학자 사회도 경쟁과 성과주의의 스트레스를 받는 똑같은 사회 집단에 불과하다는 것이 밝혀졌다.

따라서 과학에 대한 외부 비평의 필요성은 오늘날 폭넓게 받아들여지고 있으며, 제도적 법률적 장치들도 이미 여러 차원에서 마련되어 있다. 외부 비평자는 과학 기술을 학문적으로 연구하는 과학 기술학자, 과학 언론 종사자, 일반인까지 거의 모든 사람들이 될 수 있다. 물론 일반인이 과학 비평을 하기 위해서는 그에 필요한 충분한 정보와 지식, 쟁점을 소화해야 한다. 이런 과정을 담보해서 보통 사람들이 상식을 기반으로 실질적인 비평을 할 수 있도록 하는 것이 오늘날 널리 보급된 과학 기술 시민 참여 제도인 합의 회의다. 우리나라에서도 이미 전국 규모로 네 차례나 합의 회의가 열렸다. 올해에도 동물 장기 이식을 주제로 14명의 시민 패널들이 수개월에 걸쳐 전문가들과 동물 장기 이식의 안전성, 이식에 따른 인간의 정체성 문제, 동물 장기 이식의 정당성과 동물권 등 다양한 주제에 대해 토론했고, 그 결과를 보고서로 발표했다. 또한 이미 2001년 과학 기술 기본법에 근거해서 정부가 실시하고 있는 기술 영향 평가도 기술 비평의 한 영역이다. 이러한 제도는 사회적으로 중요한 기술이 개발되기 전에 사회, 윤리, 안전 등 여러 가지 문제점들을 미리 점검하고 조기 경보하는 역할을 한다.

이런 제도를 마련하는 중요한 이유는 시민이나 외부 비평자들이 모든 문제를 찾아내거나 해결할 수 있다는 낭만적 사고가 아니라 사회적 의사 결정에 과학 기술에 대한 다양한 관점을 포괄시키기 위한 노력이다. 따라서 과학 비평은 반과학이나 일방적인 비판이 아니라 과학 읽기의 다양성을 확보하려는 노력이다. 사실 오늘날처럼 과학 기술이 우리 삶에 막대한 영향을 미치는 상황에서 반과학(anti-science)은 거의 성립하기 힘들다. 자연으로 돌아가려야 돌아갈 자연이 없지 않은가? 이미 과학 기술은 우리의 존재 조건이자 삶의 기반이다.

과학 비평의 역할은 이처럼 중요한 과학 기술에 대한 다양한 관점을 담보하는 것이다. 관점의 다양성, 가치의 다양성은 상업화, 정치화 등 오늘날 과학 기술에 들어 있는 온갖 편향들을 바로잡고, 바람직한 발전 방향을 마련할 수 있는 토대다. 여기에서 "무엇이 바람직한가"에 대한 정의는 국가를 비롯한 어떤 기득권 집단도 독점할 수 없으며, 폭넓은 토론과 숙의를 거쳐 사회적 합의를 통해 도출해야 하는 무엇이다. 우리는 이미 핵폐기물 처리장 선정을 둘러싼 수십 년간의 갈등을 통해 에너지 문제처럼 사회적으로 중요한 주제는 시간이 걸리더라도 차분한 논의와 합의가 필요하다는 교훈을 얻었다.

지금, 무엇이 필요한가

우리 사회는 지난 수년간 많은 사건을 겪으면서 겉으로는 잘 보이지 않지만 큰 변화를 겪고 있다. 과학 기술은 오랫동안 치외법권을 누려 왔지만, 뒤늦게나마 비평의 대상으로 간주되기 시작한 것이다. 그렇지만 아직도 힘의 비대칭성은 여전히 존재한다.

문학은 번역자나 비평가가 창작을 겸하거나 역할을 바꾸기도 한다. 그것은 문학의 창작 공간이 상대적으로 유연하기 때문이다. 그러나 과학은 사정이 다르다. 오늘날 실험실은 첨단 과학 기술의 총아이며, 대부분 거대 과학(big science)의 현장이다. 즉 오늘날의 실험실은 막대한 연구비와 복잡한 실험 장치, 수많은 연구원들로 이루어진다. 더구나 비평가들은 그 현장에 발을 들여놓기도 쉽지 않다. 엄연한 벽이 존재하는 것이다. 해당 분야를 전공한 사람도 하루가 다르게 변하는 기술과 관행을 따라잡기 힘들다. 하물며 인문학이나 사회 과학을 전공한 비평자는 두말할 나위도 없다. "너희가 실험실을 알아?"라는 말에 금방 기가 죽을 수밖에 없다. 실제로 이런 식의 기죽이기는 과학이라는 권위를 이용해서 비평을 길들이는 방법 중 하나다. 지난번 황우석 사태 당시 누구라고 이름만 대면 알 만한 사회 과학자들과 인문학자들이 줄지어 황우석 앞에 투항한 것도 그런 이유에서다.

그러나 과학자들이 일반인들이 과학 현장에 범접하지 못하도록 벽을 쌓아 올리는 것은 우리 공동체를 위해서, 나아가 과학 그 자체를 위해서도 결코 바람직하지 않다. 우리의 과학은 스스로 비평의 대상으로 자신을 낮추어야 한다. 그리고 비평가들도 적극적으로 과학자들과 소통하기 위해 노력해야 한다. 현장의 소리를 듣지 않고, 현장을 찾지 않는 한 설득력 있는 비평이 나오지 못할 것임은 당연하다.

특히 우리 사회에는 과학자 사회 내부의 비평가들이 절실히 필요하다. 아직도 과학자 단체들은 과학 기술자의 권익 향상이나 이공계 위기론으로 주제를 한정시키는 경향이 강하다. 그러나 이제는 다양한 목소리를 낼 수 있어야 한다. 과학자들이 스스로를 비평하지 못하면 외부 비평도 제 역할을 할 수 없다. 과학 비평이 힘든 가장 큰 이유는 그 때문인지도 모른다.

주

1) Don Ihde, "Why Not Science Critics?"(1997). (http://www.sunysb.edu/philosophy/faculty/papers/Scicrit.htm)
2) Langdon Winner, "Paths of Technopolis", 앞의 두 인용문은 오랜 동료인 김명진 씨가 번역한 것임을 밝혀 둔다.

김동광 과학 저술가

고려 대학교에서 과학기술사회학 박사 학위를 받았으며, 고려 대학교에서 과학사회학을 강의하는 한편, 과학 기술 민주화를 지향하는 시민과학센터 운영 위원으로서 잡지 《시민과학》을 발간하고 있다. 저서로는 『생명공학과 인류의 미래』(공저), 번역서로 『원소의 왕국』, 『판다의 엄지』, 『잊혀진 조상의 그림자』, 『인간에 대한 오해』 등이 있다.

인간이 달에 마지막으로 간 때는?

우주 개발의 냉전적 맥락과
유인 우주 비행의 미래

대충 '20세기 과학 기술의 사회사'쯤으로 이름 붙일 만한 내용의 강의를 이곳저곳에서 해 온 지도 여러 해가 되었다. 학부 교양 과목인지라 과목 명칭은 조금씩 달랐고 그에 맞춰 약간씩 내용을 바꾸기도 했지만, 기본적인 틀은 대체로 비슷했다. 주된 강의 주제는 원자폭탄과 군비 경쟁, 컴퓨터와 인터넷, 전 지구적 환경 문제, 분자 생물학과 생명 공학의 쟁점들, 여성 과학자 등이었는데, 대략 3년 전쯤부터 우주 개발과 관련된 내용을 새로 강의 주제로 끼워 넣기 시작했다. 20세기를 주름잡은 정부 주도 거대 과학 기술의 사례이자 대중의 상상력을 사로잡았던 기술적 성취의 한 사례로서 흥미 있는 이야깃거리가 될 거 같았기 때문이다.

그런데 이 주제의 강의를 처음 했을 때 조금 당황스러운(?) 경험이 있었다. 반쯤은 장난으로 인간이 달에 마지막으로 간 때가 언제쯤일 것 같으냐는 질문을 던졌는데, 학생들의 답변이 1970년대부터 1980년대, 1990년대에 이르기까지 그야말로 제각각이었던 것이다. 예상보다는 우주 개발의 역사에 대해 학생들이 잘 모르는 것 같다는 생각을 속으로 하면서, 실제로는 아폴로 계획의 후반부가 진행되었던 1969년부터 1972년까지 아폴로 11호부터 17호까지 모두 여섯 대(사고로 돌아온 13호는 제외)가 달에 착륙했다가 돌아왔다고 설명을 했다. 그러자 한 학생이 의외라는 듯이 질문을 던졌다.

"그럼 그 이후에는 한번도 달에 안 갔나요?"

"글쎄요, 달에 왜 가야 하죠?"

내 대꾸가 좀 썰렁했던지 강의실에 폭소가 터졌고, 학생은 멋쩍은 듯 웃음을 지었지만 자신의 질문에 대한 답이 되었다고 생각하는 것 같지는 않았다.

그 일 이후로 나는 강의 때마다 인간이 달에 마지막으로 간 것이 언제냐는 질문을 던져 보는 습관이 생겼다. 그때마다 정도의 차이는 있었지만 답변은 여전히 제각각이었고, (적어도 일부 학생들에게서는) 내 설명이 의외라는 식의 반응도 여전했다. 생각건대 이런 반응은 아마 두 가지 요인에 기인한 것일 듯싶다. 하나는 "기술적으로 가능한 거면 해야 한다.(혹은 어차피 하게 되어 있다.)"라는 식의 기술 결정론적 사고 방식이고, 다른 하나는 우주 개발의 역사를 개념과 기술 발전의 순차적 흐름으로 이해하는 대중 역사서나 언론 보도의 영향이다. 이런 식의 사고 틀에서는 초창기 우주 개발 계획의 틀을 만든 정치·사회적 맥락을 고려하기가 쉽지 않다.

우주 개발과 달 착륙의 냉전적 맥락

소련의 스푸트니크 발사 이후 미국과 소련이 우주 개발의 모든 목표를 두고 앞서거니 뒤서거니 치열한 경쟁을 벌였고, 결국 미국이 한 발 앞서 달에 사람을 보냄으로써 결정적인 '승리'를 거둔 것은 잘 알려진 사실이다. 그러나 이런 피상적인 관찰을 넘어 우주 개발의 시발점 자체에 제2차 세계 대전과 냉전의 그늘이 짙게 드리워져 있는 것을 아는 사람은 썩 많지 않다. 그 과정을 간단하게 한번 되짚어 보자.

우주 개발의 개념적 아이디어는 러시아의 콘스탄틴 치올코프스키(1857~1935년)나 미국의 로버트 고더드(1882~1945년) 같은 1세대 '선각자'(내지 몽상가)들로부터 유래했다. 이들은 쥘 베른이나 H. G. 웰스 같은 소설가들로부터 많은 영향을 받았고, 무중력 상태에서의 여행이 어떤 것일지 머릿속에 그려 보면서 사회의 냉대 속에 로켓 연구에 생애를 바쳤던 인물이었다. 그러나 이들의 '꿈'을 현실로 옮겨 놓을 수 있는 계기를 제공한 것은 다름 아닌 제2차 세계 대전이었다. 그 자신도 치올코프스키 등의 전망을 이어받은 몽상가였던 독일 페네뮌데 연구소의 베르너 폰 브라운(1912~1977년) 팀이 '노예 노동'을 이용해 양산한 히틀러의 '비밀 병기' A-4 로켓(나중에 V-2로 재명명)은 비록 전세를 뒤집지는 못했지만 연합군 측의 주목을 끌었고, 이는 전쟁 말기에 그 유산을 선점하기 위한 미소 간의 치열한 쟁투로 이어졌다. 미국은 자진 항복한 폰 브라운 팀의 인력과 장비를 받아들여 사실상 그 유산의 핵심 내용을 독식했다.

제2차 세계 대전에 종지부를 찍은 것은 V-2 로켓이 아니라 미국이 개발한 신무기인 원자 폭탄이었다. 그런데 애초 독일을 견제하기 위해 미국이 다급하게 개발한 원자 폭탄의 성공은 예기치 못한 결과를 가져왔다. 미국의 원자 폭탄 독점이 미소 간의 힘의 균형을 무너뜨렸다고 인식한 소련이 원자 폭탄의 개발과 함께 장거리 발사체 개발에 전력을 기울이기 시작했던 것이다. 소련측의 연구 개발 총책임을 맡은 세르게이 코롤료프(1907~1966년)는 1949년에 이미 사정 거리가 V-2를 넘어서는 중거리 미사일을 개발했고, 1954년부터는 1만 킬로미터 이상을 비행해 미국 본토를 직접 공격할 수 있는 대륙간 탄도 미사일(ICBM) 개발에 본격 착수했다. 그러한 노력은 1957년 8월 최초의 ICBM인 R-7 로켓의 성공으로 결실을 맺었다. 역사상 최초의 인공 위성 스푸트니크는 이러한 장거리 미사일 개발 과정의 '부산물'로서 바로 R-7 로켓에 실려 1957년 10월 4일 발사에 성공했다.

최초의 인공 위성 발사에서 미국이 소련에 뒤처진 것 역시 부분적으로는 군사적 필요성의 차이 때문이었다. 제2차 세계 대전 직후의 시점에서 미국은 소련 본토까지 원자 폭탄을 실어 나를 수 있는 장거리 폭격기를 이미 보유하고 있었고 서유럽에 미군 기지가 여럿 있어 사정 거리가 긴 미사일을 개발하는 데 높은 우선 순위를 둘 이유가 없었다.(반면 소련은 한번도 그런 전술적 우위를 누려 보지 못했다. 1959년 쿠바의 공산화가 그런 기회를 제공했지만 제3차 세계 대전 문턱까지 다다랐던 1962년의 '쿠바 미사일 위기'로 인해 좌절을 맛본 것은 유명한 일화다.) 이 때문에 미국으로 이주한 '전쟁 포로' 폰 브라운 팀은 초기에 예산의 감축으로 악전고투를 했다. 미국은 1954년을 전후해 뒤늦게 장거리 미사일 개발에 전력을 쏟기 시작했으나 때는 이미 늦은 뒤였다.

소련의 스푸트니크 발사는 정보 부족과 언론의 호들갑으로 인해 미국 사회에 거의 패닉에 가까운 충격을 주었다. 소련의 인공 위성이 미국 위를 지날 때 원자 폭탄을 '떨어뜨릴' 수도 있다는 식의 터무니없는 오해가 한몫 하기도 했지만, 그에 못지않게 중요했던 것은 냉전기 이른바 '자유 진영'과 '공산 진영' 사이의 전면적 체제 대결에서 미국의 자존심이 여지없이 짓밟혔다는 사실이었다. 우주 개발이 그것의 실질적 유용성을 넘어 이데올로기적 중요성을 획득하게 된 것이 이즈음이었다. 미국과 소련의 우주 개발 경쟁은 유인 우주 계획으로 이어졌고, 1960년대가 끝나기 전에 인간이 달에 발을 디디고 돌아올 수 있게 하겠다는 1961년 5월 케네디 대통령의 '달을 향하여(Destination Moon)' 선언은 그런 경쟁 의식의 발로였다. 그 실현을 위해 미국은 천문학적인 규모의 돈을 퍼부었는데, 아폴로 계획에만도 도합 240억 달러가 넘는 자금이 소요되었고 계획이 절정에 달했을 때 미국 항공 우주국(NASA)은 연방 정부 예산의 4퍼센트가 넘는 돈을 잡아먹었다. (제2차 세계 대전 후반에 사력을 다해 추진되었던 원자 폭탄 개발 프로그램인 맨해튼 계획이 '고작' 20억 달러의 돈을 쓴 것과 비교해 보라.) 아폴로 계획의 전성기에는 미국 국민 모두가 매주 50센트씩 저금해 모은 돈 전체와 맞먹을 정도를 매년 지출했다고 하니 정말 '뭔가에 홀리지 않고서는' 추진할 수 없었던 계획이었다고 해도 과언이 아닐 것이다.

아폴로 11호의 달 착륙 이후 대중의 관심은 급격히 수그러들었고 1972년 아폴로 17호를 마지막으로 남은 비행들(18, 19, 20호)이 취소되면서 아폴로 계획은 종말을 고했다. 지금에 와서 아폴로 계획이 이룬 기술적 성취와 그것이 동시대 사람들에게 안겨다 주었던 흥분을 새삼 폄하할 이유는 없겠지만, 그런 결과가 '자연스러운' 기술 발전의 결과로 얻어진 것이 아니었음은 부인할 수 없는 사실이다.

컬럼비아 호 사고와 중국의 유인 우주 비행

초기 우주 개발의 맥락에 대한 이해는 최근 일어난 일련의 사건들을 어떻게 보아야 하는가에 흥미로운 시사점을 제공해 준다. 특히 2003년에 일어난 두 가지 사건은 유인 우주 비행의 미래에 관해 생각해 볼 수 있게 하는 중요한 계기였다. 그중 첫 번째는 2003년 2월에 미국 우주 왕복선 컬럼비아 호가 대기권 재진입 과정에서 공중 폭발해 승무원 7명 전원이 사망한 사고이다. 1986년의 챌린저 호 사고에 이른 두 번째 우주 왕복선 참사인 이 사고의 원인을 놓고 여러 가지 추측들이 제기되었고, 챌린저 호 때와 마찬가지로 해묵은 '인재(人災)' 논란도 재연되었다. 그런데 바로 이 사고가 미국 내에서 유인 우주 비행의 필요성을 둘러싸고 심각한 논쟁을 불러일으켰다는 사실은 국내에 거의 알려져 있지 않다.

당시 유인 우주 비행의 비판자들은 우주 왕복선 승무원들이 아폴로 계획 때와 같은 '원대한' 목표를 위해서가 아니라 시시한 과학 실험을 하거나 인공 위성을 궤도에 올려 놓는 등의 '보잘것없는' 일을 하다가 목숨을 잃었다는 사실에 주목했고, 우주 왕복선이나 우주 정거장 같은 유인 우주 비행 프로젝트들이 애초 선전되었던 것과는 달리 성과는 미미하면서 예산만 천문학적으로 잡아먹는 골칫덩어리로 전락했음을 지적했다. 제임스 밴 앨런이나 스티븐 와인버그 같은 저명한 과학자들도 2004년 1월에 발표된 부시 대통령의 새로운 달 유인 탐사 계획을 비판하면서 "유인 우주 비행은 시대착오적인 개념이 아닌가?"와 같은 근본적인 질문을 제기하고 나섰다. 이들은 유인 우주 계획이 경제성, 과학적 성과, 위험성과 인명 손실, 그 어느 측면을 보더라도 정당성을 찾기 어려운 프로그램이며, 냉전이 끝난 현 상황에서는 이데올로기적 가치마저도 사라졌다고 보았다. (사실 무중력 상태와 우주선(宇宙線)이 인체에 미치는 악영향을 감안하면 지구를 벗어난 인간의 장기 우주 체류는 불가능한 꿈에 가깝다는 냉정한 평가가 이미 내려진 바 있다.)

이런 움직임과 정면으로 배치된 또 다른 사건은 중국 최초의 유인우주선 선저우 5호 발사였다. 이로써 중국은 (舊)소련과 미국에 이어 세계에서 세 번째로 유인 우주선을 보유한 국가로 자리매김했고, 비행사인 양리웨이는 즉각 국민적 영웅이 되었다. 중국 정부와 언론은 이 성과를 중국의 앞선 기술력의 개가이자 중국이 지닌 힘을 보여 주는 상징으로 추켜세웠고, 대다수 중국인들 역시 선저우 5호의 성공에 크게 열광했다. 한국의 언론과 과학계가 이를 부러움과 질시가 뒤섞인 시선으로 바라보았음은 물론이다. 그러나 앞서 말한 내용에 비추어 냉정하게 생각해 보면, 현재의 시점에서 새롭게 유인 우주 비행 프로그램을 시작할 만한 나라는 중국 정도뿐일 거라는 생각을 지우기 어렵다. 유인 우주선을 건조할 수 있는 기술력(비록 러시아의 소유즈 우주선을 대체로 베끼긴 했지만)과 경제적 수준에 도달해 있으면서도 동시에 냉전기에나 먹힐 법한 이데올로기적 선전이 전 국민들을 대상으로 위력을 발휘할 수 있는, 그런 나라가 오늘날 중국 말고 또 있겠는가. '실속 없는' 유인 우주 비행 프로그램이 국민적 통합과 자긍심이라는 수사(修辭)를 동원해 유지된다는 것 자체가 지극히 '중국적'인 맥락인지도 모른다.

한국 최초의 '우주인', 과장은 금물이다

그렇다면 유인 우주 비행의 미래는 과연 어디에 있을까?《네이처》 2007년 8월 30일자의 기사에서 잘 지적하고 있는 바와 같이, 엄청난 부자들을 대상으로 하는 상업적 우주 관광이 가장 실현 가능성이 높은 길이다. 미국에 있는 스페이스 어드벤처스라는 회사는 러시아의 소유즈 우주선을 이용해 지구 궤도상의 우주 정거장까지 왕복하는 2000만 달러(약 200억 원)짜리 우주 여행 '상품'을 판매하고 있으며, 2001년 이후 5명이 이를 이용한 바 있다. 궤도상에 오르지 않고 좀더 낮은 고도의 탄도 비행을 통해 3분여의 무중력 상태와 지구상에서는 맛볼 수 없는 경관을 감상하는 것은 비용이 좀 더 '저렴'(20만 달러, 즉 2억 원선)하며, 한국에서도 이미 한 사람이 다녀온 적이 있다. 대중적 기대와는 달리, 적어도 가까운 미래에 이 비용이 획기적으로 줄어들 가능성은 거의 없다고 보아도 무방하다. 우주 여행의 꿈은 상당한 기간 동안 '꿈'으로 그칠 가망이 높다.

올해 4월에는 2006년부터 과기부와 SBS 방송사가 공들여 준비해 온 한국 최초의 우주인 이소연씨가 러시아의 소유즈 우주선을 타고 지구 궤도에 올랐다. 이를 두고 과연 '한국 최초'는 맞는지, 같이 끼어가는 '여행객'이 아니라 '우주인'이라고 부를 수 있는 건지, 우주 개발 붐 조성을 위한 노골적인 이벤트성 행사에 200억 원이 넘는 혈세를 써도 괜찮은지와 같은 중요한 질문들이 그간 제기된 바 있다. 여기에 덧붙여 이번 행사를 새로운 시대를 여는 출발점 같은 것으로 여겨서는 안 되며, 그런 식으로 선전되어서도 안 됨을 지적하고 싶다. SF에서 묘사하는 달이나 화성으로의 우주 여행이 일상화된 미래 같은 것은 우리의 상상력의 지평을 넓혀 줄지는 몰라도 현실 속에서는 적어도 아주 오랜 기간 동안 실현될 가망이 없기 때문이다.

김명진 시민과학센터 운영 위원

서울 대학교 대학원 과학사 및 과학 철학 협동 과정에서 미국 기술사를 공부했고, 현재 대학에서 강의하며 시민과학센터 운영 위원을 맡고 있다. 저서로 『야누스의 과학』, 『할리우드 사이언스』, 번역서로 『닥터 골렘』, 『인체 시장』, 『디지털 졸업장 공장』 등이 있다.

제너의 아들
인체 실험과 과학 영웅담의 결탁

간혹 흥미로운 번역이 눈에 띌 때가 있다. "이웃을 네 몸같이 사랑하라."라는 유명한 성경 구절도 그런 예다. 왜 "네 몸같이"라고 번역을 했을까? 물론 영어 번역에는 "as yourself"로 나와 있다. "몸"과 "self"가 대응하고 있는 셈이다. 원문도 모르는 데다가 기독교 신자도 아니니 성경의 원래 의도가 무엇이었는지는 알 수 없다. 따라서 어느 쪽 번역이 원문에 더 가까운지도 모르겠다. 어쨌든 '몸'이라는 말 때문에 이 구절이 그야말로 머리가 아니라 몸에 와 닿는 느낌을 준다. 이웃 사랑이 추상적인 명제가 아니라, 마치 본능적인 수준에서 이루어져야 할 끈끈한 일처럼 느껴지기까지 한다. 혹시 이 구절의 번역자는 몸과 이웃 사랑을 연결함으로써 몸이 가장 본능적인 애착의 출발점인 동시에 서로에 대한 존중, 나아가서 인간 존엄의 뿌리임을 말해 주려 했던 것은 아닐까?

갑자기 이런 생각을 하게 된 것은 종두법으로 유명한 에드워드 제너가 첫 우두 실험을 한 대상이 아들이 아니었다는 사실을 최근에야 알게 되었기 때문이다. 1796년에 제너가 첫 우두 실험을 한 대상은 제임스 핍스라는 어린아이였다고 한다. 그러니까 나는 이 나이가 되도록 순진하게도 제너가 자신의 아들에게 실험을 했다고 믿고 있었던 것이다. 호기심이 생겨 여기저기 뒤져 보니, 나 혼자만 그렇게 알고 있었던 것은 아니다. 제너가 어린아이에게 우두 실험을 하는 그림에서 아브라함이 자기 아들 이삭을 하느님에게 제물로 바치려고 칼을 들어 올리는 장면을 연상한 사람들도 꽤 되었을 것이다. 그러나 실제로는 제너의 인체 실험을 둘러싸고 당시에도 논란이 많았던 것으로 보인다. 심지어 인체 실험에 반대하는 운동이 제너의 종두법 반대 운동에 뿌리를 두고 있다는 이야기도 있을 정도다.

결국 내가 그동안 믿고 있었던 이야기는 어린아이들 위인전에나 나올 법한 민담일 뿐이었다. 그러나 나의 순진함을 변명하기 위해 한마디 하자면, 나를 포함한 많은 사람들이 제너가 아들에게 실험을 했다고 믿고 싶어 했다는 사실 또한 눈여겨봐야 한다는 것이다. 물론 우상화의 유혹에 넘어간 면도 분명히 있겠지만, 사람들은 이 민담을 통해 제너 같은 사람들에게 요구하는 바가 무엇인지 분명히 밝히고 일종의 모범적 사례를 만들어 놓기도 했다. 앞서 인용한 성경 구절 식으로 표현하자면, 제 몸을 사랑하듯이 남의 몸도 사랑하는 것이 이웃 사랑의 기본이 아니냐는 메시지를 전한 것이다.

제너가 자기 아들에게 실험을 했다는 설과 하지 않았다는 설이 엇갈릴 뿐만 아니라, 제너가 자신의 자식에게 접종을 하기는 했지만 그것은 10여 번의 실험이 성공으로 끝난 뒤의 일이라는 설, 그것도 아니고 사실은 그 전에 자기 자식에게 더 위험한 다른 접종 실험을 했다는 설까지 난무하는 것을 보면 사람들이 이 실험에 얼마나 민감하게 반응했는지 짐작할 수 있다. 이런 상황에서 제너가 아들에게 실험을 했다고 정리한 이 민담은, 당시 자리를 잡아 가던 근대적인 실험 과학에 대해 사람들이 우려하는 바와 기대하는 바를 동시에 전달하는 것이었다고 볼 수 있다.

우리나라에 최초로 종두법을 전한 지석영과 관련해서도 유사한 이야기가 전해져 온다. 19세기 말 부산에서 일본인에게 종두법을 배워 온 지석영은 서울로 돌아오다가 충주 처가에 들렀을 때 두 살 난 처남에게 종두 실험을 하려 했다. 장인은 종두법에 무지해, 그것이 일본인이 조선인을 죽이려고 만든 극약이라고 생각했다. 장인이 종두 접종을 거부하자 지석영은 그렇게 사위를 믿지 못하겠다면 당장 떠나겠다고 으름장을 놓아 결국 처남에게 우두를 접종했다. 물론 결과는 성공이었다. 제너의 이야기나 지석영의 이야기에서 각각의 피붙이나 그에 준하는 어린아이들이 실험 대상이 되었다는 것은 흔히 하는 말대로 제 자식 귀한 줄 알면 남의 자식 귀한 줄도 알아야 한다는 어떤 평등에 대한 요구를 반영하는 것이며, 뒤집어 생각하면 그러한 요구와 반대되는 현실에 대한 공포를 표현한 것이라고 생각할 수도 있다. 제너의 종두 실험이 이루어진 시기가 의학이 과학으로 자리를 잡아가던 때이고 사람들 사이의 새로운 사회적 관계에 대한 열망이 강렬하게 분출하던 때라는 점도 사람들이 적극적인 의사 표현에 나선 배경이 되었을 것이다.

제너의 시대보다 조금 앞선 시기에는 사정이 조금 달랐던 듯하다. 메리 워틀리 몬터규 부인은 1710년대에 남편을 따라 터키에 갔다가 천연두에 걸린다. 그녀는 간신히 목숨을 건진 뒤 천연두 치료에 관심을 갖게 되었다. 당시 터키에서는 인두법, 즉 사람이 걸리는 약한 천연두 고름을 접종하는 방법을 사용하고 있었다. 터키의 의사가 몬터규 부인의 자식들에게 인두법 실시를 권하자 부인은 그것을 과감하게 받아들인다. 1720년대 초에 영국에 천연두가 돌자 몬터규 부인은 영국에서 인두법 홍보에 적극적으로 나선다. 부인은 왕실의 한 공주에게 자기 자식들의 성공 사례를 예로 들며 인두법을 권유했다. 그러나 공주는 자기 자식들에게 인두법을 실시하는 것이 겁이 나 죄수들과 고아들에게 먼저 실험을 하라고 했다. 결국 실험은 성공했고, 공주의 자식들은 인두 접종을 했으며, 실험에 참가한 죄수들은 모두 풀려났다.

이 이야기에서는 몬터규 부인의 여성 영웅담도 흥미롭지만, 몬터규 부인과 대비되는 공주의 태도도 눈에 띈다. 사람들 각자가 제 몸을 얼마나 사랑하든, 세상이 사람 몸을 대접할 때는 엄연히 등급을 나눈다는 사실을 분명하게 보여 주기 때문이다. 단지 등급을 나눌 뿐만 아니라, 하층 계급의 몸을 상층 계급의 제 몸 사랑을 위한 실험 도구로 쓸 수 있다는 사실도 드러난다. 사람들은 이 시대의 공주에게서 몸에 대한 평등한 대접을 전혀 기대하지 않았던 것이다. 고아도 실험 대상이 되었다는 설은 사람들의 아동 실험에 대한 공포와 책임을 드러내며, 이것이 몬터규 부인이나 제너에게서 반대의 상황을 기대하는 마음으로 나타나기도 한다. 이야기의 마지막에 죄수들이 인두 접종도 무사히 마치고 석방까지 되었다는 마무리는 민담다운 마지막 한 방이라고 할 수 있을 것이다.

제너의 스승 존 헌터는 자식이 아니라 자신의 몸을 실험 대상으로 삼은 사람으로 전해진다. 영국에서 실험 병리학을 창시하고 외과학을 과학의 기초 위에 세워놓은 인물로 추앙받는 헌터는 종두법의 아이디어만 갖고 있을 뿐 실험을 망설이던 제너에게 "생각만 하지 말고 실험을 하라."라고 다그쳤던 일화로도 유명하다. 이때 '실험'이란 물론 인체 실험도 포함하는 것이었을 테니, 이 말을 과연 긍정적인 맥락에서만 받아들일 수 있을지는 의문이다. 그가 한 자기 실험도 마찬가지다. 한 신체 기관에 두 가지 병이 공존할 수 없다고 믿은 헌터는 나이 마흔을 바라보던 1767년, 매독과 임질이 같은 병의 두 증상임을 증명하려고 성병에 걸린 매춘부의 환부에 담갔던 랜싯으로 자신의 귀두에 흠을 냈다. 공교롭게도 그 매춘부는 두 병에 동시에 걸려 있었기 때문에 헌터는 자신의 생각이 맞다고 믿게 되었다. 이때 헌터는 미혼이었는데, 성병을 치료하느라 결혼을 3년이나 미루었고 말년에도 고생을 했다.

물론 이런 자기 실험 자체가 근거 없는 소문이라는 이야기도 있다. 오히려 헌터가 멀쩡한 사람에게 성병 환자의 고름을 접종하는 실험을 했다고 보는 사람들도 있다. 헌터가 위험할 만큼 과감한 사람인 데다가 그런 흉흉한 소문도 있었기 때문인지, 이 이야기는 제너와 관련된 민담보다 더 조심스럽고 양면적인 태도를 드러내는 것 같다. 헌터는 제 몸을 실험하고 관찰 대상으로 삼았음에도 그 결과는 실패였다. 그러나 헌터 자신은 성공했다고 믿었다. 자기 실험이라는, 어떤 면에서는 숭고할 수도 있는 실험이 이런 희비극으로 끝나는 아이러니야말로 사람들이 이 위태로워 보이는 과학자를 바라보는 태도가 아니었을까.

세월이 100년쯤 흐르면 상황은 많이 바뀐다. 일종의 과학 영웅담인 이런 이야기의 생산 방식 자체가 달라진다. 과학 실험을 주도하고 결과를 이용하는 권력 집단이 적극적으로 영웅담과 이미지를 조작한다. 따라서 자연스러운 민담적 성격은 사라지고, 사람들의 바람은 공식 판본에 대한 이설(異說)로 밀려나기도 한다.

쿠바에서 미국인이 시행한 황열병 실험이 그런 예가 될 수 있을 것이다. 1900년에 미국 육군 군의관이자 병리학자인 월터 리드는 미국 공중 위생국이 구성한 위원회의 책임자가 되어 쿠바 아바나에서 황열병의 원인을 조사한다. 황열병은 고열과 황달을 특징으로 하는 감염성 열대병이다. 이 병은 세균에 감염된 이부자리나 옷 때문에 퍼진다는 것이 그때까지의 이론이었으나, 모기가 옮긴다는 이론이 새로 부상하고 있었다. 리드는 모기가 범인임을 입증할 가장 좋은 방법은 인간에게 실험을 하는 것이라고 생각했다. 이 병은 동물에게는 옮지 않았기 때문이다.

리드는 과감하게 실험에 나섰다. 황열병 환자를 문 모기가 감염되지 않은 사람을 물어 병을 옮긴다는 가정을 증명하는 것이 목표였다. 실험 방법은 간단했다. 일단 모기를 시험관에 넣은 다음 감염자의 팔에 시험관을 뒤집어 모기가 피를 빨게 했다. 2주 뒤 병 인자가 모기 안에서 성숙했다고 가정하고, 시험관을 건강한 자원자의 팔에 뒤집었고 모기는 다시 피를 빨았다. 위원으로 함께 쿠바에 온 군의관 제임스 캐롤과 존스 홉킨스 대학교의 과학자 제시 라지어 박사가 먼저 실험에 참가했다. 라지어 박사는 황열병으로 죽었다. 이어 좀 더 큰 규모의 실험이 이루어졌다. 미군 병사들은 100달러를 받고 자원을 했다. 병에 걸리면 100달러의 보너스를 추가로 받기로 했다. 이들은 실험의 목적과 위험을 명기한 계약서를 읽고 서명해 계약을 맺었다. 이들 자원자 20여 명은 황열병에 걸려 앓기는 했지만 사망자는 없었다. 마침내 이 실험으로 모기가 황열병을 옮긴다는 것이 확인되었으며, 쿠바에서 모기 박멸 운동이 일어나 황열병이 크게 줄었다. 그 덕분에 황열병으로 지지부진하던 파나마 운하 건설은 순조롭게 진행될 수 있었다. 미국 육군은 1909년에 리드를 추모해 육군 병원을 건설하고 병원에 그의 이름을 붙였다.

리드의 이야기는 지금까지도 여러 가지 형태로 변형되어 생산되는 현대적인 과학 영웅담의 원형이라고 할 만하다. 실제로 이 실험이 이루어지고 나서 수십 년 동안 리드를 포함한 연구팀과 실험 참가자들은 자신을 희생해 인류를 황열병에서 구한 영웅들이라는 찬사를 받았다. 인두법 실험 당시 죄수들은 죄수라는 이유로 실험 대상이 되어야 했지만, 황열병 실험에 참가한 미군 병사들은 '자원'이라는 형식을 갖추었고 리드와 더불어 영웅 집단의 일부를 구성했다. 그러나 공식적인 영웅담임에도 돈을 받고 실험에 참가한 것을 '자원'의 형식으로 공인한 것은 흥미로운 대목이다. 그야말로 적나라한 자본주의적 방식이기도 하지만, 앞으로도 이런 식으로 '합법적으로' 실험을 하겠다는 의지의 음험한 표현이라고 볼 수 있기 때문이다.

사실 이 대목에도 이설이 있다. 돈을 받고 실험에 참가한 사람들은 미군 병사들이 아니라 스페인계 이민자들이라는 것이다. 미군 병사들은 보수를 받지 않았다고 한다. 또 사망자가 없었다는 말과는 달리, 실험 전체에서 5명의 사망자가 나왔다는 이야기도 있다. 실험 참가 동의서 가운데 실험의 위험과 관련된 부분은 리드가 나중에 작성했으며, 더러 정식 동의를 받지 않은 사람들도 있었다는 설도 있다. 마지막으로 재미있는 이야기는 위원장 리드는 라지어 등 두 위원과 마찬가지로 자신에게 실험을 하는 데 동의했으나, 어떤 이유에서인지 실험에 참가하지는 않았다는 것이다. 18세기 민담의 기준에서 보자면, 영웅의 기본 요건도 갖추지 못한 사람이 과학 영웅담의 주인공이 된 셈이다.

사람들이 제너가 자기 자식에게 실험을 했다고 믿고 싶었던 것은 제너 같은 사람들이 하는 일에 기대만큼이나 우려도 갖고 있었다는 뜻일 것이다. 자기 몸에 관련된 일인 만큼 본능적으로 그런 일에 어떤 위험이 도사리고 있음을 느꼈던 것인지도 모른다. 그러나 조작된 과학 영웅담에서 영웅은 사라졌고, 그런 영웅을 믿는 것은 그야말로 순진한 일이 되어 버렸다. 그럼에도 영웅담은 계속 재생산된다.

우리에게도 그런 영웅담은 낯설지 않다. 물론 우리의 경우에는 다행스럽게도 그 영웅담이 완성되기 전에 깨졌지만, 과정을 보면 황열병 실험 이야기 같은 과학 영웅담을 쓰는 것이 일부 과학자들이나 그들의 실험에 이해 관계가 걸린 집단의 변함없는 꿈이라는 생각이 들기도 한다. 그런 생각이 들 때마다 "이웃을 네 몸같이 사랑하라." 라는 구절이 역시 괜찮은 번역이라는 느낌도 강해진다.

정영목 번역가
서울 대학교 영문과 및 동 대학원을 졸업하고 이화 여자 대학교 번역 대학원에 출강 중이다.
번역서로 『그레이트 게임』, 『융』, 『로드』, 『파리 좌안의 피아노 공방』 등이 있다.

'격물치지'와 '과학'
동양의 경학과 서양의 사이언스가 만났을 때

1. 경학에서 과학으로

일제 식민지 시대에 향가(鄕歌) 연구로 일가를 이루었던 국학자 양주동이 남긴 글 가운데「몇 어찌」라는 수필이 있다. 1970년대 중학교 국어 교과서에 실려 두루 읽혔던 것이다. 서당에서 한문만 공부했던 그는 중학교 속성 과정에 편입하면서 낯선 학문 용어들과 마주치게 된다. '기하(幾何)'라는 수학 용어도 그 가운데 하나였다.

그는 밤새도록 뜻을 궁리했으나 '몇 기(幾), 어찌 하(何)', 즉 '몇 어찌'라는, 말이 통하지 않는 해석밖에 할 수가 없었다. 다음날 선생님한테 지오메트리(geometry)의 머리 글자인 '지오'를 중국어로 번역한 것이 '기하'라는 설명을 듣고서야 의문을 푼다. 그의 글 속에는 전통 학문에서 서구 과학으로 '개종'하는 순간이 리얼하게 묘사되어 있다. 좀 길지만 인용해 본다.

다음날 기하 시간이었다. 공부할 문제는 '정리 1. 대정각(맞꼭지각)은 서로 같다.'를 증명하는 것이었다. 나는 손을 번쩍 들고, "곧은 두 막대기

135

를 가위 모양으로 교차, 고정시켜 놓고 벌렸다 닫았다 하면 아래위의 각이 서로 같을 것은 정한 이치인데, 무슨 다른 '증명'이 필요하겠습니까?"라고 말했다. 선생님께서는 허허 웃으시고는, 그건 비유지 증명은 아니라고 하셨다.

"그럼, 비유를 하지 않고 대정각이 같다는 걸 증명할 수 있습니까?"

"물론이지. 음, 봐라." 선생님께선 칠판에다 두 선분을 교차되게 긋고, 한 선분의 두 끝을 A와 B, 또 한 선분의 두 끝을 C와 D, 교차점을 O, 그리고 각 AOC를 a, 각 COB를 b, 각 BOD를 c라 표시한 다음, 나에게 질문을 해 가면서 칠판에다 식을 써 나가셨다.

"a+b는 몇 도?"

"180도입니다."

"b+c도 180도이지?"

"예."

"그럼, a+b=b+c이지?"

"예."

"그러니까, a=c 아니냐."

"예, 그런데, 어찌 됐다는 말씀이십니까?"

"잘 봐라, 어떻게 됐나."

"아하!"

멋모르고 "예, 예." 하다 보니 어느덧 대정각(a와 c)이 같아져 있지 않은가!

그 놀라움, 그 신기함, 그 감격, 나는 그 과학적, 실증적 학풍 앞에 아찔한 현기증을 느끼면서, 내 조국의 모습이 눈앞에 퍼뜩 스침을 놓칠 수 없었다. 현대 문명에 지각해, 영문도 모르고 무슨 조약에다 "예, 예." 하고 도장만 찍다가, 드디어 "자 봐라, 어떻게 됐나."라는 망국의 슬픔을 당한 내 조국! 오냐, 신학문을 배우리라. 나라를 찾으리라. 나는 그날 밤을 하얗게 새웠다.

여기 "그 과학적, 실증적 학풍 앞에 아찔한 현기증을 느끼면서"라는 표현 속에 서구의 신학문을 맞이하던 이 땅 지식인들의 태도(놀라움)가 잘 들어 있다. 그 놀라움 밑에는 '과학은 곧 진리'라는 판단과, 또 그것을 배움(모방)으로써 '진보'를 이룰 수 있으리라는 기대가 깔려 있다. 그러니 이 글은 전통 유교 학문, 즉 경학(經學)의 세계를 버리고 서양 근대의 과학(科學)으로 개종하는 길목에서의 고해성사로 읽어도 좋을 것이다.

2. '과학', 사이언스의 번역어

처음 '사이언스(science)'라는 낯선 개념을 만났을 때 동양인들은 신기한 기술쯤으로 치부했다. 기술로 치자면 폭약이나 나침반, 인쇄술이며 도자기 등등 이쪽 기술도 서양에 꿀릴 게 없는 터였다. 이런 생각이 동도서기(東道西器)나 화혼양재(和魂洋才)와 같은 말 속에 담겨 있다. 이 구호들은 우리에게 사이언스가 기술적 차원, 즉 '생활에 이로운 물건을 만드는 한낱 기술' 정도로 이해되었음을 보여 준다. '동양식 학문의 바탕 위에 서양 기술을 받아들이면 된다.'라는 낙관주의가 동도서기란 말에 깃들어 있는 것이다.

한데 사이언스는 단순한 기술이 아니었다. 그것은 '힘'이었다. 사이언스는 군함과 대포로 상징되는 '폭력'으로(아편 전쟁이 동아시아 국가들에 미친 충격을 연상해 보라!), 양의학과 새로운 건축술로 상징되는 '지식'으로(베이컨의 '아는 것이 힘이다.'라는 말은 사이언스의 힘을 압축해서 알려 준다.) 또는 전기와 전차 혹은 양옥과 수세식 변기로 상징되는 '문명'으로 등장했다. 그러니 사이언스는 단순히 기술 차원에서 배우고 익힐 수 있는 대상이 아니었다. 이것은 양주동의 "아찔한 현기증" 체험처럼 하늘과 땅, 사람과 사물에 대한 생각이 파천황으로 뒤집어지는 경험을 통과해야만 획득되는 전혀 낯선 새로운 세계였다.

이즈음 사이언스의 정체를 놀라운 눈으로 바라보기 시작한 동양인들의 놀람과 당혹의 흔적이 번역어들 속에 잘 남아 있다. '사이언스'의 번역어로는 세 가지가 쓰였다. 하나는 격치(格致)요, 둘은 학문(學問)이며, 셋은 과학(科學)이었다. (실은 이 번역어들은 서양 문물과 맞닥뜨린 중국과 일본의 지성들이 고민한 것이지 조선의 학자들은 거기에 끼지 못했다. 즉 우리는 그때부터 지금까지 서양 언어를 일본과 중국에서 번역한 개념들을 통해 배우고 가르치고 있는 것이다.)

'격치'란 유교 경전인 『대학』에 나오는 '격물치지(格物致知)'의 준말이다. 즉 '사물에 대한 관찰을 통해 지식을 획득한다.'라는 전통적 공부법을 사이언스의 번역어로 삼았던 것이다. 하지만 '객관 세계(사물)에 지식이 존재한다.'라는 전제에 있어서는 둘이 흡사할지 몰라도, 주자학식 '격치', 즉 윤리적 인간을 만들기 위한 공부와 서양의 사이언스는 전혀 다른 세계관을 바탕으로 한, 서로 다른 개념이었다. 그러니 둘 사이가 매끄럽게 번역될 수는 없는 노릇이었다. 이런 난점으로 '격치'라는 번역어는 머지않아 사라지고 만다.

흥미로운 점은 19세기말 사상 의학 체계를 수립했던 이 땅의 의학자 이제마(1837~1900년)가 『격치고(格致藁)』라는 이름의 책을 남기고 있다는 사실이다. 만일 이제마가 '격치'를 사이언스의 번역어로 삼아서 책 이름으로 끌어 썼다면(그는 의학자이면서 자연 과학자였으니 이런 추론은 가능하다.) 『격치고』란 현대어로 번역하자면 '과학 에세이(Essay on Science)'

가 되는 셈이다. 어쨌건 '격치'라는 번역어 속에는 전통적 개념을 바탕으로 사이언스를 이해하는 보수적인 자세가 깔려 있다.

사이언스의 두 번째 번역어는 '학문(學問)'이다. 유교 경전인 『중용』에는 "도문학(道問學)"이라는 말이 나온다. 이것은 "배움의 길이란 질문하며 배워 나가는 것"이라는 뜻이다. '학문'이라는 번역어는 『중용』 속의 '문학(問學)'을 변형해 사용한 것이다.

한 걸음 더 들어가면 '학문'이라는 번역 속에는 사이언스를 보편적 학술로 보는 동양인들의 '놀람'이 깃들어 있다. 사이언스를 '하나의 지식'이 아니라 '진리 그 자체'로 보는 두려움 섞인 놀라움 말이다. 학문이란 곧 '배우고 질문한다.'라는 뜻이니, '진리(사이언스)를 배운 다음에야 질문할 수 있다.'라는, 수동적이고 위축된 학습 태도를 '학·문'이라는 번역어 속에서 추출할 수 있기 때문이다.

즉 '학문'이란 말에는 '사이언스는 보편적 진리다.'라는 경탄이 실려 있다. 오늘날 학문이 사이언스의 번역어로서의 위상을 벗어나 학술 일반을 통칭하는 개념으로 쓰이고 있는데, 그 역시 이런 속내의 반증이라고 할 수 있으리라.

세 번째 번역어는 '과학(科學)'이다. 이것은 특정한 학술을 지칭하는 '교과학(教科學)'을 뜻하는 말이었다. (오늘날 식으로는 '교과목'이 그에 해당하는 말이 되겠다.) '과학'이란 특정한 학문, 즉 '자연 과학(natural science)' 분야를 특칭하는 번역어인 것이다. '학문'이란 번역어가 사이언스의 보편성을 강조한 표현이라면, '과학'은 사이언스의 전문성을 드러내는 번역어라고도 할 수 있을 것이다. 과학이란 말에 깃든 이러한 중립적이고 구체적인 뜻이 사이언스의 본래 뜻과 합치되었기에 과학이 '격치'와 '학문'을 젖히고 번역어로서 정착할 수 있었던 것이리라.

3. 진리, 물리, 윤리

전통적 학문의 핵심은 윤리(倫理)에 있었다. 성균관의 대학 본부를 명륜당이라고 칭하는데, 곧 '윤리(倫)를 밝히는(明) 전당(堂)'이라는 뜻이니, 동양 사회의 진리=윤리라는 항등식이 선명하게 드러난다. 윤리란 '나'가 상대와 가장 적절하게 관계를 맺는 방법을 이른다. 어버이에 대한 자식으로, 형에 대한 아우로서, 국가에 대한 국민으로서, 아내에 대한 남편으로서 적절하게 응대하기 위해 익히는 훈련, 이것이 윤리 공부의 내용이다. 그리고 훈련 방법과 진행 과정이 『소학』과 『대학』 속에 프로그램화되어 있는 것이다. 『대학』에 따르면 윤리의 범위는 나의 몸 훈련(수신)에서 시작해, 집안과 나라 다스리기, 그리고 평천하를 거쳐 끝내는 천지자연과 함께 더불어 호흡하는 데까지 미친다.

이처럼 동양의 학문이 나와 자연(객관)이 함께 어우러지는 '주객합일(主客合一)'의 경지를 지향한다면, 서양식 과학은 나라는 주관이 배제된 '객관 속에 진리가 있다.'라는 객관주의를 특징으로 한다. 동양 학문이 윤리라면, 서양 학문은 물리(物理)라고 할 수 있으리라. 그러니 사이언스를 '치지'라는 윤리적 세계로 오역하기도 하고, 또 '학문'이라는 보편적 학술로 오역하기도 하면서 좌충우돌하던 근대 동양 사회는 '과학'이라는 번역을 통해 사이언스와 제대로 소통하면서 점차 '윤리의 세계'를 벗어나 '물리의 세계'로 진입해 들어가는 것이다. (이런 변화 양상이 서두에 인용한 양주동의 글 속에서도 잘 나타나 있다.) 이때부터 동양 사회는 '진리는 더 이상 윤리가 아니라 물리 속에 깃든다.'라고 표현할 수 있는 처지가 된다.

이제 우리는 '유길준이 서쪽으로 간 까닭'을 알 수 있게 된다. 『서유견문(西遊見聞)』이란 곧 '서양에서 보고 들은 과학적 세계에 대한 소개'이다. 그의 책은 새로운 발견에 대한 놀라움과 경탄으로 가득 차 있다. 그는 이 땅의 백성들에게 그가 본 새 세계를 영탄조로 소개하기에 급급하다. (과학에 대해 비판적 거리를 확보하지 못했다는 뜻이다.)

한마디로 『서유견문』이 말하려는 것은 '과학은 곧 진리다.'라는 정언명법이다. 『서유견문』이 계몽하려는 요지는 진리로서의 과학을 선취한 나라가 문명국이요, 그렇지 못한 나라는 야만국이라는 것. 그러니 '개화'란 야만에서 문명으로 난 '외길'일 따름이다. 다른 길은 존재하지 않는다. 그가 제시하는 '야만 ― 반개화 ― 개화'라는 일직선의 진보 노선이 이를 잘 보여 준다. 이런 점에서도 '과학은 곧 진리'다.

그 후 이 땅을 계몽하려는 과학의 선구자들은 윤치호·서재필·이승만 등의 이름으로 등장했다. 그들이 가르치는 것 역시 한결같이 서구의 '보편적 진리', 즉 사이언스를 이 땅의 몽매한 백성들에게 배우고 익히게끔 하는 일이었다. 그러나 그들의 소개 글 역시 서구 과학에 감동된 독후감이었지, 질문을 던진 평론은 아니었다. 이런 과학에 대한 숭배의 자세는 "오냐, 신학문을 배우리라. 나라를 찾으리라."라는 각오를 다지던 양주동의 글 속에도 숨어 있다. 그리고 과학=진리=힘에 대한 선망은 1960년대 과학 연구소들의 입구에 새겨져 있던 '과학입국(科學立國)'이라는 구호로 농축된다. 즉 우리의 근대란 서양 과학에 대한 숭배와 모방을 통한 국가 건설과 힘의 축적이라는 정치적 특성을 갖는 것이다.

그런데 어느 날 반전의 소식이 들려왔다. 지난 1960년대에 출간된 토머스 쿤의 『과학 혁명의 구조』는 과학=진리라는 항등식을 의심하게 만든 중요한 전환점이었다. 쿤은 과학도 그 자체로 객관적 진리가 아니라 과학자 개인의 주관적 생각이나 사회적 요인에 깊은 영향을 받는다는 주장, 또는 그런 해석의 가능성을 열어 놓았던 사람이다.

나아가 1970년대 우리 사회에 큰 영향을 미친 프리초프 카프라의 『현대 물리학과 동양 사상』과 신과학(New Science) 운동은 '과학은 보편적 진리가 아니라 하나의 지식에 불과하다.'라는 새로운 '패러다임'을 각성시키는 또 다른 기폭제였다. 우리 사회가 과학=진리=근대라는 항등식의 주박에서 점점 풀려 나고 있었던 것도 바로 그즈음이었다. 그리고 점차 과학이라는 유일신을 선망하던 눈길을 되돌려 우리네 발밑을 돌이켜보기 시작했던 것이다.

허나, 지난 황우석 사태보다 더 근본적으로 과학에 대한 재성찰의 기회를 제공해 준 사건은 없었다. 그것은 최첨단의 과학적 주제 뒷면에 윤리의 문제가 존재한다는 발견과, 또 과학과 윤리 사이의 관계에 대한 고려야말로 과학 발전의 성패를 가른다는 인식을 환기시켜주었다. '객관적'이라는 과학도 과학자의 덕성, 인격, 윤리와 같은 도덕적 주제들, 다시 말해 과학을 얻기 위해 내팽개쳤던 경학 속의 주제들과 밀접히 관련되어 있다는 발견이야말로 참으로 묘하고 신비로운 경험인 것이다.

그렇다면 근세 초기 양주동의 글속에 잘 드러나는 과학에 대한 각성에서, 황우석 사태에서 나타난 과학에 대한 반성에 이르는 우리의 진리를 향한 도정은 '서구의 과학'과 '전통의 경학'이 다시 만나는, 회귀의 원형인 셈이다. 윤리와 물리가 혼융해 일체가 된 자리에 깃드는 것이 진리라는 뜻으로 이해해도 좋을까?

배병삼 영산 대학교 자유전공학부 교수

경희 대학교 대학원에서 정치학 박사 학위를 받고 사단법인 유도회(儒道會) 한문 연수원을
수료했다. 한국사상연구소 연구원을 역임했으며 현재 영산 대학교 자유전공학부 교수로
재직하고 있다. 저서로는 『논어, 사람의 길을 열다』 등이 있다.

어느 과학 번역자의 소회
한국에서 과학 번역을 한다는 것

번역자가 된 계기는 아주 평범했다. 출판사에 다니던 친구가 어느 날 과학책을 한 권 내게 내밀었다. 친구는 대수롭지 않은 투로 번역을 해 보라고 했고, 나 역시 '그러지 뭐' 하는 식으로 별 고민 안 하고 받아들였다. 출판계 사정을 전혀 모르는 때였기에, 누군가에게 번역을 의뢰했다가 어떤 사정이 생겨서 되돌아 온 책이라는 것을 몰랐다. 즉 친구는 급하게 대타를 찾다가 옆에 있던 나를 점찍은 셈이었다. 돌이켜보면 그 순간이 내 인생 경로가 한 번 바뀐 시점이었다.

얼떨결에 맡은 책은 사실 번역하기가 아주 까다로웠지만, 당연히 거기까지 생각이 미쳤을 리가 없었다. 당시 신춘 문예에 입선하고 소설을 쓰던 시기라서 우리말을 좀 한다고 자신하고 있었고, 영어도 대학 내내 영어 원서들을 끼고 살았고 부업으로 책의 일부를 맡아 번역한 적이 몇 번 있었기에, 책 한 권을 번역하는 일이 어렵다고는 전혀 생각하지 못했다. 하지만 처음 몇 쪽을 읽는 순간 내 생각이 잘못되었다는 것을 깨달았다.

읽고 이해하는 것은 어렵지 않지만, 우리말로 옮기기가 여간 고

145

역이 아니었다. 문장을 이렇게 고치고 저렇게 고치고 해도 잠시 뒤에 보면 영 마음에 들지 않는 경우가 태반이었다. 게다가 첫 번역이었고 주위에 번역하는 사람도 없었으니, 의역도 가능하다는 생각이 머리에 떠오르지가 않았다. 초보자가 으레 그렇듯이, 문장 하나의 의미를 고스란히 우리말로 옮겨야 한다는 강박 관념에 빠져 있었다. 게다가 지식 전달이 중요시되는 과학책이지 않은가.

끙끙거리면서 겨우 번역을 다 끝내긴 했지만, 내 자신이 창작한 글과 비교하면 도무지 읽히지가 않았다. 결국 친구에게 시간이 더 필요하다고 말할 수밖에 없었다. 그러자 친구는 다른 책을 한 권 건네주었다. 가벼운 책이니 먼저 해 보라고 말이다. 그 책을 펼친 순간 딴 세상을 만난 듯했다. 어려운 책을 붙들고 몇 달을 씨름하다 보니, 나도 모르게 번역이 정말 어려운 일이라는 생각이 머릿속에 깊이 박혀 있었던 모양이었다. 그런 터에 갑자기 술술 읽히는 책을 접하니, 내가 편견에 사로잡혀 있음을 깨달았다. 어려운 책도 있고 쉬운 책도 있다는 평범한 진리를 새삼 깨달은 셈이었다.

아무튼 몇 달간의 고생이 헛된 일은 아니었다. 그 고생은 일종의 실전 연습이었다는 사실이 서서히 드러났다. 두 번째 책에도 좀 까다로운 부분들이 있긴 했지만, 번역하기에 그다지 어렵지 않았다. 두 번째 책은 금방 끝낼 수 있었다. 그런 다음 다시 첫 번째 책을 펼쳤다. 하지만 그 책은 여전히 넘기 힘든 벽이었다. 다시 끙끙거리며 원고를 고치고 있자니 퇴고가 이런 것이구나 실감할 수 있었다. 열심히 고쳤음에도 여전히 마음에 들지 않았다. 그래서 한 번 더 미루고 다른 책을 맡아서 했다. 역시나 더 쉬웠고, 쉽다는 생각을 하면서 번역을 하다 보니 서서히 재미를 느끼기 시작했다. 남보다 먼저 새 지식을 접한다는 기쁨도 느꼈다.

한편으로 내 교양이 아주 형편없다는 것도 깨달았다. PC 통신이 주류이던 시절이었기에, 책에 이름만 달랑 나와 있으면 도서관을 뒤져야 했다. 한참 뒤져서 찾아냈는데 유명한 음악가의 이름이었다는 것을 알고 좀 허망할 때도 있었다. 당시 대학 생활이란 것이 시위대 따라다니고 술 마시는 것이 거의 전부였으니, 이른바 교양과는 담을 쌓고 지냈다고 해도 과장이 아니었다. 그랬으니 번역 일은 뒤늦게나마 부족한 교양을 쌓는 과정이기도 했다.

그렇게 몇 권의 책을 번역하면서 번역의 맛을 알 즈음에 친구가 출판사를 그만두었고 후임자가 첫 번째 책의 원고를 달라고 재촉했다. 그래서 원고를 다시 손을 보았고, 몇 년간 붙들고 있던 그 책도 번역되어 세상에 나왔다. 막상 나온 책을 보니 정말로 호된 신고식을 치렀다는 느낌이 들었다.

돌이켜보면 능력도 안 되던 시기에 어려운 책을 붙들고 씨름했던 것이 미련한 짓이었다는 생각도 가끔 든다. 그 시간에 다른 일을 했다면 더 낫지 않았을까? 따지고 보면 그런 미련한 성격 덕분에 번역가가 된 셈이다.

그런 성격이 책상 앞에 진득하게 붙어 앉아 번역을 하는 데 도움이 된 것은 분명하다. 하지만 안 좋은 면도 많았다. 번역가란 말 그대로 어디에 얽매이지 않고 자기 시간을 자유롭게 쓸 수 있는 프리랜서인데, 그런 장점을 제대로 살리지 못하고 매일 같이 줄곧 컴퓨터 화면만 바라보고 있었으니 말이다. 물론 이를 익히 알고 있는 지금도 시간과 일에 쫓기며 사는 생활에서 벗어나지 못하고 있지만.

처음에는 취미 삼아 번역을 했기에 별 부담도 안 느꼈고 인세나 원고료에도 별 관심을 두지 않았다. 문제는 나중에 번역을 본업으로 삼은 뒤에도 그런 태도를 버리지 못했다는 점이다. 번역을 시작할 때만 해도 주위의 도움 없이 홀로 일을 했기에 안 해도 될 갖가지 시행착오를 직접 겪어야 했다. 과학책의 특성을 전혀 알지 못한 상태에서 무조건 인세로 계약을 하는 바람에 노력에 비해 수입이 보잘것없던 시기도 있었고, 원고를 보낸 뒤 몇 년이 지나도 책이 안 나오거나 출판사가 그냥 문을 닫는 경우도 있었다. 간간이 그런 일을 겪긴 했지만, 일을 계속 하다 보니 좋은 동료들도 만나고 나름대로 보람도 느꼈다.

과학책을 계속 번역하다 보니 어느새 과학책 전문 번역가라고 알려지게 되었지만, 사실 과학책만 번역한다는 생각을 한 적은 거의 없다. 어쩌다 보니 상황이 그렇게 되었다고 할까? 처음에 번역한 책들이 과학책들이기 때문인지, 그 뒤로 번역 의뢰가 오는 것이 대부분 과학책들이었다. 물론 다른 분야의 책들도 있긴 했지만 처음에 과학책을 놓고 고생을 하다가 어떤 깊은 맛을 느낀 모양인지, 그다지 마음이 끌리지가 않았다. 이미 아는 사실들을 이리저리 다른 관점에서 해석하는 것에 그치지 않고 새로 발견되는 지식을 맛보려는 성향이 있기 때문이 아닐까 하는 생각도 들었다.

사실 과학책은 전문 용어를 잘 알고 그 분야에 대한 기본 지식을 갖추지 않고서는 번역을 하기가 쉽지 않다. 그렇지만 과학을 전공한 사람이 번역을 직업으로 삼는 경우는 드물다. 그래서 당시에 과학 쪽은 번역자를 찾기가 쉽지 않았던 모양이다. 그런 참에 과학책을 번역하는 사람이 나타났으니 번역 의뢰가 많이 들어오는 것도 당연했다. 게다가 거절을 요령 있게 잘 못 하는 성격 탓에 빨리 해 달라고 재촉하는 일부터 먼저 하다 보니, 계속 과학책이 먼저 손에 잡혔다. 좋아하는 책과 주로 의뢰가 들어오는 책이 같은 분야의 것들이었으니 딱 맞아떨어진 셈이었다. 다른 분야의 책들은 사실상 손을 댈 시간이 거의 없어졌다. 아울러 소설 쓰기도 어느새 번역에 밀리고 말았다. 그렇게 해서 과학 번역가로 굳어지게 되었다.

번역을 하다 보면 이런저런 생각이 들고 곁다리로 빠질 때가 종종 있다. 이 영어 구절에 딱 맞는 우리말을 찾겠다고 국어 사전을 다 훑은 적도 있고, 생물을 묘사한 구절이 이해가 안 되어 그 생물의 사진을 찾겠다고 몇 시간 동안 인터넷을 뒤진 적도 있다. 하지만 계속 이어서 다른 책을 번역하다 보면 그렇게 애써 찾아놓고도 금세 잊어버리는 경우가 대부분이다. 그래서 까다로운 영어 구절에 딱 맞는 우리말이 문득 떠오른다거나 할 때면 쪽지에 적어서 책상 앞 벽에 붙인 메모판에 붙여 놓곤 한다. 계속 들여다보면 기억하겠지 하는 생각에서이다.

벽에 붙이는 쪽지들이 또 있다. 앞으로 쓰자고 마음먹은 SF 소설의 제목이나 착상을 적은 것들이다. 과학책을 번역하다가 보면 문득 SF 소설에 딱 맞는 좋은 착상이 떠오르곤 한다. 한 권 한 권 번역이 끝날 때쯤이면 메모판에는 자주 나오는 용어들을 적은 쪽지들과 함께 그런 쪽지들이 다닥다닥 붙는다. 얼마 전에 한 권을 번역할 때 메모판에 새로 붙인 쪽지들을 보니 이렇게 적혀 있다. 종을 낳는 자궁, 최후의 관찰자, 시간의 입자, 십장생, 전래 설화의 SF화 등등.

하지만 막상 나중에 그 쪽지들을 읽어 보면 왜 그렇게 썼는지 고개를 갸웃거리게 된다. 좀 더 길게 써서 붙여 놓았으면 좋으련만. 아니면 아예 줄거리라도 적어 두든지. 늘 그런 생각을 하지만 번역을 할 때는 대개 시간에 쫓기기 마련이다. 그런 착상은 으레 번역이 술술 잘 풀리고 있을 때 떠오른다. 한창 자판을 두드리다가 멈추고 쪽지를 적으려고 펜을 손에 쥐면, 순조롭게 이어지던 호흡이 끊기는 것 같다는 생각이 들곤 한다. 다른 화면을 띄우고 거기에 적는다 해도 마찬가지이다. 계속 들여다보면서 떠올리는 데에는 차라리 쪽지가 더 낫다. 물론 어느 쪽이든 간에 시간이 흐르면 소용이 없어지는 것은 마찬가지이지만.

그래도 언젠가는 시간이 남고 기억이 나리라는 희망을 품고 번역할 때마다 같은 일을 되풀이하곤 한다. 그런 소설들을 쓰는 것이 내가 앞으로 하고 싶은 일 중 하나이다. 그쪽으로 생각하면 과학책을 번역하게 된 것이 행운이었다. 과학책은 새로운 지식을 알려 주며, 미래는 어떻게 변할 것이고 먼 과거는 어떠했는지를 상상할 수 있게 해준다. 그리고 자연에 관한 단편적인 사실들이 어떻게 서로 엮이는지 깨닫게 해 준다. 한마디로 상상력을 자극한다.

과학책 번역과 연관지어 해 보고 싶은 것이 또 하나 있다. 과학 번역 용어들을 다루는 웹사이트를 만들면 어떨까 하는 생각이다. 그러면 혼란스러운 용어들이나 우리말로 번역이 안 된 용어들을 정리하는 데 많은 도움이 될 듯하다.

원서에 적힌 낯선 생물들의 이름은 언제나 고민을 안겨 준다. 아무리 검색해도 우리말 이름이 없을 때는 어쩔 수 없이 이름을 지어 붙여야 하는 데 쉬운 일이 아니다. 우리말 이름을 검색하는 데 걸리는 시간과 이름을 짓느라 고심하는 데 드는 시간을 더하면 무시 못할 정도가 된다. 나름대로 생물 이름 목록을 만들어 번역할 때마다 새 생물 이름을 추가하곤 하지만, 그 일도 번역할 당시에는 시간이 없으니 끝나면 정리하자고 마음을 먹었다가, 막상 번역을 다 마치고 나면 게을러져서 그냥 넘어갈 때가 많다. 그랬다가 다른 책에서 같은 생물 이름이 나오면 우리말 이름을 어떻게 지었었나 찾아보느라 고생한다. 일을 체계적으로 하면 덧나는가 하고 자신에게 구시렁대면서 말이다. 그런 일을 되풀이할 때마다 웹사이트를 만들면 수월하리라는 생각을 품지만 역시나 시간이 문제이다. 그러다 보면 왠지 과학 번역가로서 사명감도 느껴진다.

번역이 직업이니, 번역 오류가 있는 책을 내놓았을 때 가장 후회가 되고 아쉬움을 느끼게 된다. 번역이 사람이 하는 일이라 실수가 없을 수는 없지만, 원고를 교정하는 횟수가 늘수록 오류는 줄어들기 마련이다. 하지만 출간 일정이 있고 원고 마감일이 있기에 책 한 권을 마냥 붙들고 있을 수도 없는 노릇이다. 거기다가 번역자의 게으름이 더해지면 미처 제대로 교정을 못 본 책이 나오기도 한다. 그런 책을 볼 때마다 좀 더 세심히 볼 걸 하는 후회와 자괴감이 밀려든다.

과학 전공자가 과학책을 번역할 때의 장점은 과학적 지식을 다룬 부분에서 잘못 번역할 가능성이 적다는 것이다. 하지만 그것만으로는 불충분하다. 책이란 잘 읽히는 것이 중요하므로, 원서의 문장이 깔끔하지 못하더라도 깔끔하게 옮기는 것이 번역가의 역할이다. 과학 교양서가 과학자와 일반 대중의 의사소통을 돕는 중요한 매개체임을 생각하면 그 점을 경시할 수가 없다. 그렇지만 그 점도 과학 지식과 무관하지 않다는 것을 갈수록 실감하고 있다. 번역은 내용을 잘 알수록 수월해지고 문장도 깔끔해지는 반면, 잘 모르면 시간이 많이 걸릴뿐더러 알 듯 모를 듯한 문장이 나오기 마련이니까.

과학은 눈부시게 발전을 거듭하고 있기에, 끊임없이 새로운 지식이 담긴 책들이 쏟아진다. 게다가 예전과 달리 저자들도 조급증에 걸린 듯 잘 되새김질을 하지 않은 최신 지식들을 마구 적어 놓는 경향이 있다. 최근의 과학 발전 속도로 볼 때 그렇지 않았다가는 책이 미처 출간되기 전에 새로운 연구 결과가 나와서 그 책이 낡은 것이 될 가능성도 있으니, 그런 조급증도 이해가 된다. 얼마 전에 한두 달 뒤 출간될 예정인 책의 원고를 파일로 받아 번역을 한 적이 있었다. 번역을 반쯤 했는데, 갑자기 상황이 바뀌는 바람에 저자로부터 원고를 다시 써야겠다는 연락이 와서 중단하고 말았다. 저자도 새 연구 결과를 보고 원고를 고치는 상황인데, 번역가라고 나태하게 있을 수는 없는 일이다. 그런 일들을 접할 때마다 최신 흐름을 꿰고 있어야 한다는 생각을 새삼 하게 된다. 다른 분야와 달리 과학 분야의 번역가는 계속 공부를 하지 않을 수가 없다. 그런 줄 알면서도 최근 들어 너무 정신없이 번역에 매달려 있다 보니 내 자신이 정체되어 있다는 생각이 들곤 한다. 번역가치고는 너무 잡생각이 많은 게 아닌지 모르겠다.

이한음 번역가, 소설가

서울 대학교 생물학과를 졸업한 뒤 실험실을 배경으로 한 과학 소설 『해부의 목적』으로 1996년 《경향신문》 신춘 문예에 당선됐다. 저서로 『신이 되고 싶은 컴퓨터』, 『DNA, 더블댄스에 빠지다』가 있으며, 번역서로 『복제양 돌리』, 『인간 본성에 대하여』, 『쫓기는 동물들의 생애』, 『필 벅 평전』, 『악마의 사도』, 『셜록 홈스의 과학』 등이 있다. 『만들어진 신』으로 한국출판문화상 번역 부문을 수상했다.

절대로 불후의 명작은 쓰지 않겠다!
과학 글쓰기의 출발점을 생각한다

"재미있게 놀아!"

"응, 아빠도!"

딸아이와 아빠가 헤어지는 장면이다. 어딜까? 놀이 동산 아니면 친구 생일 파티? 아니다. 아침에 학교 앞에서 헤어지는 아빠와 딸이 나누는 대화다. 아니, 대화였다. 내가 독일에서 공부할 때 딸아이는 독일 초등학교에 다녔다. 아침마다 우리는 이렇게 대화했다. 왜? 학교는 재미있게 노는 곳이니까.

"오늘도 재미있게 놀아!"

"아빠, 학교는 노는 곳이 아니야!"

아빠와 아이가 귀국했다. 대한민국의 초등학교는 노는 곳이 아닌가 보다. 그럼 뭘 하지? 설마 땅 파면서 일하나? 학교 생활이 어떤지는 모르지만 집에서는 분명히 '공부'란 것을 했다. 초등학생이 참고서를 구입해 형광펜으로 줄을 그어 가며 읽었고, 연습장에 내용을 반복해 쓰면서 암기했다. 그리고 무수한 숙제를 했다. 학교는 더 이상 재미있는 곳이 아닌 게 분명했다.

153

그러고 보니 나도 학창 시절에는 공부를 했던 것 같다. 아마 전라남도의 한적한 바닷가에서 청운의 꿈을 안고 서울로 유학 온 초등학교 4학년 때부터일 것이다. '놀이'가 '공부'로 바뀌면서 '즐거움'이 덩달아 '스트레스'로 진화했다. 또 스트레스는 많은 경우 '포기'를 동반했다.

그나마 학창 시절 중 즐거운 일이 있었다면 소풍을 꼽을 수 있다. 시골의 소풍은 들과 숲을 지나 산책하면서 맛난 것을 먹고 떠들며 노래하고 춤추는 날이었다. 그런데 서울에서는 좀 달랐다. 가벼운 산책이라기보다는 원행길이었다. 그래, 서울이 워낙 크니까 그 점은 인정한다. 하지만 중학교와 고등학교를 거치면서 소풍은 점점 더 견디기 힘들 만큼 먼 곳으로 다녔다. 왜 그랬을까? 지금 생각하면 학교는 소풍간 김에 우리 역사에 대한 학습도 시키려 했던 것 같다.

아, 이 놀라운 효율성이라니! 나는 여기서 소풍을 소풍으로만 낭비할 수 없다는 '새마을 정신'을 본다. 그런데 서울 학교의 효율성은 여기서 그치지 않았다. 소풍과 글짓기 대회, 사생 대회를 한 번에 해치우는 센스! 소풍 짐이 점점 많아졌다. 원고지, 지우개, 연필에 도화지와 물감, 팔레트, 붓과 물통까지. 차라리 소풍 가지 말고 학교에서 수업하는 게 나았다. 그래도 우리는 법(?)으로 정해진 소풍을 갔으며, 글짓기와 그림 그리기 가운데 택일을 하라고 하면 그림을 그렸다.

그림을 그리려면 준비할 게 무척 많다. 물론 학급에는 언제나 모범생이 넘쳐서 굳이 내가 그걸 모두 준비해 갈 필요는 없었지만 아무리 봐도 글짓기 준비물이 훨씬 간단하다. 그럼에도 불구하고 대부분의 아이들은, 심지어 고등학교 1학년 때도 글을 짓는 대신 무조건 그림을 그렸다. 그림 그리기가 훨씬 빨리 끝났기 때문이다. 눈에 보이는 대로 '뭐, 그 까짓것 대충 ……' 하는 심정으로 붓질을 하면 그만이었다. 대부분의 아이들이 글을 짓는 대신 그림을 그리다 보니 선생님들이 꾀를 내셨다. 홀수 번호는 글짓기를 하고 짝수 번호는 그림을 그려야 한다는 것이다. 그림과 달리 글쓰기는 그게 수필이 되었든 시가 되었든 '그 까짓것 대충'이 되지 않았다. '글' 아닌가! 글에는 세계관이 담겨야 하고, 감동적이어야 하며, 단정해야 한다는 강박관념이 존재했다. 그놈의 '글'을 짓다가 오전이 후딱 지나고 말았다. 이러면서 글쓰기와 나는 점점 원수가 되었다.

그러나 아무리 내 마음이 글쓰기에서 멀어져도 글을 쓰지 않고는 살 수가 없었다. 대학에서는 더 이상 객관식이라는 거창한 이름의 사지선다형 시험은 보지 않았고, 어쩔 수 없이 논문도 써야 했다. 지금 생각해 보니 학부와 대학원, 유학 시절에 쓴 필기 고사 답안지와 논문의 양을 원고지로 치면 어마어마할 것 같다. 그렇지만 그것을 두고 '글을 쓴다.'란 생각을 해 본 적은 없다.

유학 시절 우연한 기회에 『달력과 권력』이라는 책을 썼다. 나는 이책이 '과학책'이라고 생각하지 않았다. 그리고 사실 교보문고 인문분야 베스트셀러 1위에 오르기도 했다. 그런데 '우수 과학 도서' 인증을 받았다. 음, 그렇다면 과학책인가 보다. 하긴 과학의 한계가 어디 딱히 정해진 것은 아니니까 ……. 그 후 어린이와 청소년을 대상으로 하는 과학책을 몇 권 더 썼다. 그러다 보니 생화학을 공부한 나에게 이상한 직업이 생겼다. '과학 글쓰기 강사'가 바로 그것이다.

2004년 겨울 모 여대에 자리 잡고 있는 '전국 여성 과학 기술인 지원 센터'가 과학 커뮤니케이터 양성 교육을 실시하기 위해 기획 회의를 할 테니 좀 와 달라고 했다. 나는 교육생들에게 '생화학'을 강의

하라고 할 줄 알았다. 그런데 웬걸! 내게 맡겨진 과목은 '과학 글쓰기'였다.

초등학교에서 재수를 거쳐 대학 1학년까지 난 14년간 국어를 공부했다. 하지만 글쓰기를 배워 본 적은 없다. 혹시 당시 선생님께서 "이놈아, 무슨 소리냐? 그때 내가 가르친 게 바로 글쓰기였다."라고 말씀하셔도 소용없다. 난 분명히 글쓰기를 배워 본 적이 없다. 맙소사! 그런데 내가 글쓰기를 가르쳐야 한다고! 온갖 핑계를 대어 강의 일자를 최대한 뒤로 미뤘다. 내가 3시간 강의를 위해 준비할 수 있는 시간은 자그마치 5개월. 그 5개월 동안 받은 스트레스는 고3과 재수 시절에 받은 것보다 훨씬 컸다. 그러나 막상 준비한 내용은 특별한 게 없었다.

스스로 겁에 질린 나는 수업 시작 30분 전에 도착해서 수강생을 기도하는 마음으로 기다렸다. 대부분 대학을 갓 졸업한 젊은 여성들일 것이라는 내 생각은 처음부터 어긋났다. 은퇴한 교수와 현직 교수 그리고 30~40대의 전문 인력이 내 앞에 앉았다. 갑자기 마음이 편해졌다. "어차피 내가 체계적으로 준비했다 하더라도 내 깜냥으로 이 사람들 앞에서 무슨 이야기를 한단 말인가! 그냥 편하게 내 생각이나 이야기하자." 그날 난 이런 이야기를 했다.

내가 과학책을 쓴 이유는 다른 사람과 소통하면서 돈을 벌기 위해서다. 혹시 돈을 벌면서 덤으로 다른 사람과 소통하기 위해서일지도 모른다. 그런데 이 두 말은 그게 그것일 뿐 서로 다르지 않다. 소통이 되는 책을 써야 돈을 번다. 돈을 벌 만큼 팔린다는 것은 그만큼 소통된다는 것을 의미한다. 여기서 제일 중요한 것은 '소통'이다. 어떻게 소통할까?

출판사가 가장 많이 요구하는 게 쉽게 쓰라는 것이다. 쉽게 쓰다 보면 핵심이 빠지는 경우가 많다. 대표적인 예로 아르키메데스의 '유레카' 일화를 들 수 있다. 딸아이가 과학 강연에 다녀왔다.

"아빠 오늘 과학 강연 너무 재미있었어."

"그래, 뭘 들었는데?"

"응, 옛날에 그리스의 시라쿠사란 섬의 왕이 순금으로 왕관을 새로 맞추었는데 …… 아르키메데스란 과학자가 목욕하다가 '유레카!'를 외치면서 발가벗고 나왔어. 아르키메데스는 '부력'의 원리를 알아낸 거지."

"와! 재미있었겠다. 그런데 '부력'이 뭐야?"

"부력? 그건 이야기해 주지 않던데."

과학은 어렵다. 과학만 어려운 게 아니라 역사도 어렵고 철학도 어렵고 학교에서 배우는 것들은 모두 어렵다. 어렵지 않으면 왜 학교에서 따로 배우겠는가? 쉽게 쓰는 것은 중요하다. 하지만 쉽게 쓰느라고 핵심을 빠트리면 안 된다. 그러면 그것은 에피소드를 모아 놓은 책이지 과학책이 아니기 때문이다.

글을 쓰는 데 꼭 전문가일 필요는 없다. 기자들이 전문가여서 정치, 경제, 사회, 문화 등의 기사를 쓰겠는가? 전달할 내용을 정리할 수 있으면 된다. 『달력과 권력』을 쓸 무렵 내 천문학 지식은 고등학교 교과서 수준을 벗어나지 못했다. 덕분에 틀린 내용도 많다. 천문학자인 내 친구는 이런 오류를 보면서 나를 한심하다는 듯 쳐다보기도 했다. "그런데, 뭐! 그럼 네가 쓰지 그랬어!" 내가 천문학에 무식한 것은 사실이지만 그렇다고 해서 '달력의 역사 속에 감춰진 권력과 과학의 충돌, 인습과 혁신의 갈등'을 다루는 데 별 문제는 없었다.

따라서 생물학 전공자라고 해서 물리학이나 화학을 다루는 글을 못 쓸 까닭이 하나도 없다.

심지어 과학책에 꼭 과학적 원리가 들어가야 하는 것도 아니다. 이게 뭔 말이냐고? 『로빈슨 크루소 따라잡기』란 책을 생각해 보자. 이 책은 과학책이라기보다 탐험 책에 가깝다. 하지만 그저 가볍게 읽다 보면 노빈손이라는 주인공이 활용한 가벼운 과학 원리에 대해 의문을 갖게 된다. 과학의 탈을 쓰고 있지 않지만 과학책이다. 『해리포터 사이언스』란 책의 공동 저자 자격으로 어린이를 대상으로 과학 강연을 한 적이 있다. 강연이 끝난 후 책에 사인을 해 주면서 아이에게 물었다.

"그동안 가장 재미있게 읽은 과학책이 뭐니?"

요즘 아이들은 세련되었기 때문에 인사치레로라도 '해리포터 사이언스'라고 대답할 줄 알았는데 꽤 많은 아이들이 「로빈슨 크루소 따라잡기」 시리즈를 말했다. 결국 물어 보는 주제를 바꾸고 말았다. 독자가 과학책이라고 하면 그것은 과학책이다.

글쓰기에서 가장 중요한 것은 '독자'다. 책을 읽어 주는 독자가 없다면 그것은 그저 혼자 꽥꽥거리는 목소리일 뿐이다. 이것은 내가 한 말이 아니다. 스티븐 킹이 자신의 글쓰기 비법을 대중에게 소개한 『유혹하는 글쓰기』에서 한 말이다. 이 책은 정말 좋다. 글쓰기의 핵심과 자신감, 그리고 독자들을 매료시키는 실제적인 방법을 제시한다. 나는 강연의 마지막 1시간 동안 이 책의 내용을 소개했다. 5개월 동안 나를 짓눌렀던 스트레스가 의외로 쉽게 풀렸다.

한 학기 후 똑같은 강의를 반복했는데 이때 전국 여성 과학 기술인 지원 센터는 내게 새로운 제안을 했다. 과학 커뮤니케이터 양성

과정을 마친 수강생을 위한 '과학 저술가 과정'을 개설하려는데 8주의 수업 가운데 처음 4주를 맡아 달라는 것이다. 내가 해야 할 일은 수강생의 글쓰기 능력을 실제적으로 높이는 것이었다. 이번에는 고민할 여유도 별로 없었다. 당장 2주 후부터 시작해야 했다. 나는 4주 분량의 프로그램을 미리 만들지 못하고 매주 근근이 준비해 강의했다.

첫날 나는 수강생들에게 원고지를 나누어 주고 '우리나라 좋은 나라'를 반복해서 1분간 쓰게 했다. 이게 말이나 되는가! 멀쩡한 석·박사님들에게 이런 얼토당토않은 일을 시키다니 ……. 하지만 수강생들은 군말 없이 정말 열심히 썼다. 어떤 사람은 1분에 60자를 썼고 어떤 사람은 100자를 썼다. 이게 지금부터 각자 지켜야 할 글쓰기 속도다. 주제를 주면 정해진 시간 동안 글을 쓰는데, 속도는 분당 60~100자이다. 3~10분 동안 아침밥, 여행, 비행 등에 관한 글을 썼다. 주어진 시간 동안 글을 마치지 못해도 상관없었다. 우리는 무조건 썼고 함께 깔깔대며 읽었다. 자기 글을 듣고 다른 사람이 웃어도 괜찮았고 또 자기도 다른 사람 글을 비웃기도 하고 때로는 동감하면서 고개를 끄덕이기도 했다. 수강생들은 서로 분위기를 돋웠다. 적지 않은 돈과 많은 시간을 투자해서 글쓰기를 배우러 온 사람들은 정말로 '글쓰기'를 갈망했다.

나는 이야기했다. "과학 커뮤니케이터 양성 과정에서 이미 이야기 했듯이 나는 글쓰기를 배워 본 적이 없다. 그런데도 오죽하면 여러분이 또 나에게 배우겠다고 여기에 왔느냐? 우리는 글을 최대한 많이 쓸 것이고, 창피도 많이 당할 거다. 하지만 우리끼리인데 어떠냐. 다른 곳에서 망신당하지 말고 여기서 충분히 망신당하면서 면역력을 키우자."

매주 과학과 관련한 에세이 숙제를 내 주었고 출판사 편집자 출신의 아내는 친절하게 붉은 펜으로 교열과 교정을 해 주었다. 다음 시간에는 이 글을 함께 읽으면서 비평을 했다. 우리는 주로 구성의 문제에 초점을 맞췄다. 글의 3요소는 '지식'과 '구성' 그리고 '문장'이다. 지식이야 각자 얻는 것이고 문장은 시간이 필요하다. 하지만 구성은 훈련을 통해 쉽게 얻을 수 있는 부분이기 때문이다. 브레인스토밍과, 마인드매핑을 함께하면서 구성 훈련을 했다.

이렇게 우스꽝스러운 과정을 거치면서 실제로 글쓰기 능력이 향상되었다. 그리고 무엇보다도 글쓰기에 대한 두려움이 크게 줄어들었다. 글쓰기는 즐거운 놀이기 때문이다. 글쓰기 과정이 끝날 때마다 나와 수강생들은 함께 다짐하는 게 있다. "나는 절대로 불후의 명작을 쓰지 않겠다!" 불후의 명작을 쓸 사람은 따로 있다. 불후의 명작을 쓸 사람이 내게 와서 배우겠는가? 명작을 쓰기 위해 스트레스 받으면서 시간 보내는 대신 "나는 우리 아이들에게 하고 싶은 과학 이야기를 제대로 들려주는 글을 쓰겠다."

2006년 7월 세 번째 과학 저술가 과정을 마치는 날 이미 과학책을 여러 권 출판한 경험이 있는 한 수강생이 소감을 이야기했다.

"글쓰기가 재미있다는 것을 알았어요. 그리고 글쓰기 능력이 향상된 것 같아요. 그런데 과학 글쓰기는 언제 가르쳐 주죠?"

나는 이렇게 대답했다.

"역사에 관한 글을 쓰면 그것은 역사 글쓰기이고, 과학에 관한 글을 쓰면 그게 과학 글쓰기랍니다. 중요한 것은 분야가 아니라 전달하고 싶은 내용을 독자와 어떻게 소통하느냐는 것이지요."

독일을 떠나기 직전 딸아이 학급이 산으로 소풍을 갔다. 아이만

오는 것이 아니라 형제, 부모와 조부모 심지어 이혼해서 따로 사는 아빠와 엄마도 함께 왔다. 노는 모습은 어디나 다 비슷하다. 그런데 다른 게 있었다. 실컷 뛰어놀다 지친 아이들이 무대를 꾸미더니 연극을 했다. 즉석에서 만든 줄거리는 엉성하고 연기도 엉망이지만 하는 아이와 보는 어른 모두 재미있어 했다. 독일 아이들이 노는 모습에서 독일 대학생들이 왜 세미나 발표를 잘하고 에세이를 재미있게 쓰는지 알 것 같았다.

우리도 좀 놀자!

이정모 과학 저술가, 서대문자연사박물관 관장

연세 대학교 생화학과를 졸업하고 동 대학원에서 석사 학위를 받았다. 독일 본 대학교 화학과에서 '곤충과 식물의 커뮤니케이션'에 관한 연구를 했다. 현재 서대문자연사박물관 관장으로 재직하고 있다. 저서로는 『달력과 권력』, 『그리스로마신화 사이언스』, 『바이블 사이언스』, 『해리포터 사이언스』(공저) 등이 있으며, 번역서로는 『매드 사이언스 북』, 『색깔들의 숨은 이야기』, 『소중한 우리 몸 이야기』 등이 있다.

'한국 과학', 그 강력한 이름, 모호한 경계

'한국 과학'이라는 개념은 가능한 것인가?

나라란 사람이 이루는 무리 가운데 가장 큰 덩어리다. 그래서 구성원의 생각과 바람이 균일하지 않은 것이 당연한 이치일 테지만, 우리는 알게 모르게 '나라'를 하나의 덩어리로 생각하는 데 길들어져 있다. 그러다 보니 종종 전혀 다른 이야기를 하면서도 "나라를 위해"라는 똑같은 구실을 대는 희한한 경우를 보게 된다. 예컨대 '서울에서 부산까지 운하를 파자.'라는 이들도 나라를 위해서 그리 해야 한다고 하고, 그것이 얼토당토않은 소리라며 뜯어 말리는 이들도 역시나라를 위해 그만두라고 한다. "나라"라는 아주 추상적인 덩어리를 이 나라에 국한해 조금 잘게 나누어 '한국 경제', '한국 정치', '한국 교육' 등으로 이야기하면 좀 더 구체적이 되는 것 같기는 하지만, 그렇게 한다고 해도 사정이 크게 달라지지는 않는다.

그러면 '한국 과학'은 어떨까? 경제·정치·교육 등에 비해 과학에 대해서는 사람들의 생각이 별로 나뉘지 않을 것처럼 보인다. 흔히 과학은 누가 언제 어디서 해도 비슷한 결과를 내는 보편적 활동이며, 따라서 과학을 발전시키는 길은 여럿이 아닌 하나밖에 없을 것이라고들 생각하기 때문이리라. 하지만 '한국 과학'을 바라보는 시각에도 분명히 여러 갈래가 있다. 예를 들어 몇 해 전 한참 회자되었던 이른바 '이공계 위기' 문제를 다시 생각해 보자. 여러 집단이 한목소리로 "이공계 위기를 극복해 한국 과학을 발전시키자."라는 주장을 폈다. 그러나 겉으로는 하나처럼 보였던 주장 속에서 여러 집단이 구체적으로 노렸던 바는 놀랄 만큼 서로 다른 것이었다. 전북 대학교 과학학과 이은경 교수의 연구 결과를 보면 그것을 알 수 있다. 국내 이공계 대학의 교수들은 병역 특례 제도를 확대해 우수한 인재들이 유학 대신 국내 대학원 진학을 선택하게 하면 이공계 위기는 사라지고 나아가 한국 과학이 발전할 수 있을 것이라고 주장했다. 반면, 대학원생들은 정반대의 처방을 내놓았다. 우수한 인재들의 해외 유학길을 더 넓혀 주어야 더 많은 우수한 과학자가 양성되고, 이들의 성공 사례가 다음 세대까지 이어질 경우 결과적으로는 이공계 위기도 해소되고 한국 과학도 한층 더 발전하리라 주장했다. 하나의 진단을 두고 어떻게 이처럼 상반된 처방이 나올 수 있었을까? 이는 결국 '한국 과학' 또는 '한국 과학의 발전'이라는 말 속에 우리가 언뜻 생각했던 것보다 훨씬 큰 모호함이 숨어 있음을 알려 주는 사례라고 할 수 있다. 어떤 이들에게 '한국 과학의 발전'이 한국의 이공계 대학 또는 대학원이 확충되는 것을 뜻했다면, 다른 이들에게는 한국 출신의 과학자들이 세계 곳곳에서 활동하는 것을 뜻할 수 있다는 것이다. 나아가 이런 인식의 차이는 '한국 과학'을 무엇으로 정의하느냐의 차이와도 밀접하게 관련돼 있다.

그러면 한국 과학은 대체 어떻게 정의할 수 있는가? 이 짧은 글에서 '한국 과학은 이것이다.'라는 딱 부러지는 정의를 만들어 내기는 어려운 일이다. 다만 그것이 얼마나 어려운 일인지를 살펴봄으로써, 우리가 지금까지 한국 과학이라는 큰 자루 안에 무엇을 얼마나 뒤섞어 담아 왔는가를 되돌아보고, 앞으로 한국 과학에 대한 담론을 더 정교하게 다듬는 계기로 삼을 수는 있을 것이다.

한국에서, 한국인에 의해, 한국인을 위해서?

한국 과학을 시험 삼아 '한국에서, 한국인에 의해, 한국인을 위해 이루어진 과학'이라고 규정해 보자. 링컨의 말을 슬쩍 빌려 왔으니 모양도 빠지지 않고, 제법 포괄적으로 보이기도 한다. 또 한국 과학을 정의하라고 할 때 많은 사람들이 내놓는 대답도 사실 이와 비슷한 모양을 하고 있다. 하지만 곰곰 뜯어 보면, 무엇보다도 한국 과학의 역사와 견주어 볼 때 이 정의가 빠트리는 것이 적지 않다.

첫째, '한국에서 이루어진' 과학을 한국 과학이라고 규정한다면, 한국인 과학자들이 해외에서 거둔 성과는 한국 과학의 성과에 포함되는가? 예를 들어, 대중에게 가장 잘 알려진 한국인 물리학자 중 한 사람인 이휘소를 생각해 보자. 그의 주요 업적인 '양자 전기 역학의 재규격화(renormalization) 이론'은 미국에서, 그가 받은 미국 물리학 교육을 바탕으로, 다른 미국 물리학자들과의 협동을 통해 이룬 것이다. 그러면 이휘소의 업적은 한국 과학의 성과로 볼 수 없는가? 한국 과학의 발전을 이야기할 때 이휘소는 빼고 이야기하는 것이 옳은가? 그럴 경우 직면하게 될 '상식의 저항'은 어떻게 해결할 것인가?

사실 이것은 이휘소 개인에 국한된 문제가 아니다. 상당히 민감한 이야기일 수 있지만, 한국의 근현대 과학사를 냉정하게 돌아보면 '한국에서 이루어진' 과학과 '한국인에 의해' 이루어진 과학이라는 두 가지 조건을 모두 충족하는 업적은 별로 없다. 오히려, 한국에서 이루어진 과학적 업적 중 한국인에 의한 것은 그다지 많지 않으며, 반대로 한국인이 거둔 업적 중 많은 것은 한국 밖에서 이루어졌다고 말하는 것이 1980년대까지의 역사적 사실에 가깝다. 조금 과장을 보태면, '한국에서, 한국인에 의해, 한국인을 위해'라는 세 가지 조건 중 첫 번째와 두 번째는 역사적으로 서로 배타적인 양상으로 나타났다고까지 할 수 있을 정도다. 이는 한국이 근대 과학을 외부로부터 수입해 익히기 시작했고, 비교적 최근에 이르러서야 자체적인 연구 역량을 갖추게 되었기 때문이다.

그럼에도 불구하고 한국 밖에서 활동한 한국인 과학자들은 한국 과학사를 쓰는 데 빼놓을 수 없는 중요한 부분을 차지한다. 이들은 선진국의 과학을 배워 한국에 소개했을 뿐만 아니라, 해외에서 활동한 경우에도 다음 세대 한국인 유학생들을 가르침으로써 결과적으로는 한국 과학의 기반을 다지는 데 이바지했다. 특히 광복 후 초창기의 한국 과학자 사회의 형성을 구명하려면, 1950~1960년대에 미국 유학을 통해 형성된 인적 네트워크를 필수적으로 살펴보아야 한다. 요컨대 한국 과학은 '한국에서 이루어진 과학' 이상의 요소들을 포함하고 있다.

그러면 두 번째 조건, 즉 '한국인에 의한 과학'은 어떤가? 이것은 일견 첫 번째 조건보다도 더 그럴싸해 보인다. 하지만 한 꺼풀 벗겨 보면 이 또한 첫인상만큼 자명한 것은 아니다. 예를 들어 한반도의 생태와 지질을 최초로 근대적 과학 방법론을 이용해 조사한 것은 일본 과학자들이었고, 최초의 기상대장 또한 일본인이었다. 엄밀히 말해서 한반도에서 활동한 최초의 과학자들은 거의 대부분 일본인이었고 드물게 미국인들이 섞여 있었다.

이에 대해 "그것은 일본 제국주의가 자신의 통치를 위해 벌인 활동으로, 한국 과학의 발전에는 아무 도움이 되지 않았던 것 아닌가? 왜 그것을 한국 과학의 역사에 포함시켜야 하는가?"라는 반론이 충분히 나올 수 있다. 이 반론의 앞부분, 즉 이들의 활동이 궁극적으로 일본 제국주의를 위한 것이었다는 말은 두말할 나위 없이 옳다. 특히 식민지 시기 일본인 과학자들의 연구 주제가 한반도의 지질·식생·기후·질병 등에 집중되었다는 사실은, 이들의 과학적 활동이 일제가 한반도를 효율적으로 수탈하기 위한 포석으로 이용되었음을 보여 준다. 하지만 반론의 뒷부분, 즉 이들의 활동이 한국 과학의 발전에는 도움이 되지 않았다는 해석에는 적어도 두 가지 재반론의 여지가 있다. 첫째, 비록 당대에 식민 지배를 위한 도구로 이용되기는 했지만, 식민지 시기 일본인 과학자들이 남긴 성과는 해방 후 한국 과학자들에 수용되어 이후 연구를 위한 밑거름 역할을 했다는 점이 그것이다. 연구자의 주관이 강하게 반영되는 인문학이나 사회 과학과는 달리, 과학에는 연구자의 주관이 은연중 반영되기는 하지만 그것을 내세우는 것을 바람직하지 못한 것으로 여겨 왔기 때문에 일본인의 연구이건 한국인의 연구이건 그것이 정확하다면 수십 년 뒤에도 인용할 수 있었던 것이다. 둘째, 일본인 과학자들은 당대에 한국인 제자들을 발탁해 키워 내기도 했다는 점이다. 특히 발탁된 이들중 적지 않은 수가 한국인 과학자의 첫 세대로 성장했고 나아가 해방 후 한국 과학계를 주도했다는 점에서, 이들의 활동을 빼놓고 한국 과학사를 쓰기는 어려운 일이다. 1950~1960년대 한국 과학사에서 미국 유학을 통해 형성된 인적 네트워크가 중요한 것만큼이나, 광복 전 한국 과학사에서는 일본인 과학자들과의 사제 관계를 통해 형성된 네트워크가 중요하다.

물론 일본인 과학자들만 한국 과학과 인연이 있는 것은 아니다. 많은 미국인 의사들이 선교 사업의 일환으로 한반도에서 의료와 교육 사업을 벌였으며, 그 과정에서 유망한 한국인 학생들을 발탁해 미국 유학을 주선함으로써 결과적으로 한국인 과학자의 성장에 이바지했다. 최초의 이학 박사였던 천문학자 이원철도 이런 기회를 잡아 미국 유학길에 오른 경우다. 이들의 기여를 인정한다면 '한국인에 의한 과학'이라는 조건도 한국 과학을 온전히 담기에는 모자라다는 것을 인정해야 할 것이다.

이제 마지막으로 '한국인을 위한 과학'이라는 조건을 살펴보자. 이것은 앞의 둘보다도 설득력이 떨어져 보인다. 가령 '한국인의 유전적 특성에 맞는 의약품 연구'와 같이 목표가 뚜렷한 응용 연구의 경우에는 그것이 누구를 위한 연구인지 쉽게 알 수 있지만, 이론 물리학이나 수학과 같은 기초 과학은 누구를 위해 연구한다는 말이 의미 없는 경우가 많다. 반도체 연구처럼 한국 경제에 직접적인 도움이 되는 연구들은 결국 한국인에게 도움이 되는 것이라고도 주장할 수 있겠으나, 그렇게 이야기하면 외국에서 발전된 과학 기술도 한국의 산업에 이용된다면 결국은 한국인을 위한 것이라고 해석하는, 제 논에 물대기를 피할 수 없게 된다. 나아가 과학은 인류 모두에게 도움이 되므로 한국인에게도 결국은 이익이 된다고 한 발 더 물러설 수 있겠지만, 그런 식으로 이야기한다면 '한국인을 위한'이라는 말은 사실 아무 의미를 갖지 못하게 된다.

물론 '한국인을 위한 과학'이라는 주장이 전혀 의미 없는 주장이라는 것은 아니다. 한국 과학은 궁극적으로는 한국의 문화와 한국인의 정신을 어떤 형태로든 담아내게 되어 있으며, 그런 점에서 '한국인을 위한 과학'이라는 구호는 하나의 가치 지향으로서 의미를 갖기는 한다. 다만 이 경우 글머리에서 '나라'라는 것이 균일한 덩어리가 아니라고 지적했던 바와 같이, '한국인을 위한'이라는 말이 구체적으로 무슨 뜻인지 정교하게 다듬어 나가야 할 것이다.

'한국 과학'의 본질과 의미에 대한 논쟁을 촉구하며

그렇다면 우리는 '한국 과학'을 어떻게 규정해야 하는가? 한국 또는 한국인과 한 자락의 인연이라도 있다면 모두 포함시키는 것이 좋을까? 아니, '한국 과학'을 규정하는 일은 과연 필요한가? 세계화 시대에, 그것도 가장 보편적인 활동이라고들 여기는 과학에까지도 국적을 붙일 필요는 있을까? 하지만 한국 과학이라는 것의 실체가 없다면, 한국 과학 발전을 내걸고 지금도 이루어지고 있는 수많은 연구와 행사는 무엇을 위한 것인가? 모두들 벌거벗은 임금님을 찬양하듯, 거짓인 줄 알면서도 서로를 추어올리고 있는 것인가?

'한국 과학'의 규정에 대한 하나의 완성된 답은 어쩌면 영영 나오지 않을지도 모른다. 어떤 정의를 시도하든 역사는 그에 대한 반례를 내놓을 것이기 때문이다. 하지만 그럼에도 불구하고 한국 과학을 정의하려는 시도는 계속되어야 한다. 각각의 정의는 그를 뒷받침하는 한국 과학에 대한 관점들을 담고 있으므로, 더 많은 정의를 시도한다는 것은 곧 한국 과학을 해석하는 관점이 더 많은 가지를 치게 된다는 뜻이다. 그리고 더 많은 관점이 공존하며 서로 건전한 비판을 전개해 나갈 때 우리는 비로소 한국 과학의 발전을 위한 내실 있는 청사진을 얻을 수 있게 될 것이다. 비판과 토론 없이, 또 무엇인지도 모르는 대상을 발전시킨다는 명분으로 만들어진 정책은 아무런 실효도 없을 것이기 때문이다.

한국 과학의 역사 연구도 한 단계 성숙해야 한다. 한국 과학사 연구는 아직까지는 사실을 수집하는 단계에 머물러 있다. 물론 한국이 근대 과학을 처음 접한 지 한 세기 남짓밖에 지나지 않았다는 점을 고려하면 당연한 일일 수도 있다. 하지만 한국 과학의 발전을 위한 보다 내실 있는 토론을 위해서, 지금 당장은 힘에 부치더라도 언젠가는 한국 과학의 역사 서술이 사료의 수집과 발굴을 넘어선 다음 단계로 나아가야 한다. 역사 연구자들이 각자의 사관에 맞추어 '누가, 왜, 얼마나 훌륭한 과학자인지' 적극적으로 주장하고 논쟁하기를 두려워하지 않아야, 대중의 한국 과학의 본질과 의미에 대한 이해도 한층 깊어질 것이다.

김태호 미국 존스 홉킨스 대학교 방문 연구원
서울 대학교 과학사 및 과학 철학 협동 과정에서 박사 과정을 수료한 뒤, 현재 미국 존스 홉킨스 대학교 과학 기술사학과의 방문 연구원으로서 한국 근현대 과학 기술의 역사에 대해 연구하고 있다. 1970년대 '녹색 혁명'의 주역인 통일벼의 개발과 보급을 주제로 박사 논문을 마무리하고 있다.

탐정, 미술 감정사, 과학자의 공통점은?
과학적 추론 방법의 비밀

1.

홈스는 느긋하게 안락의자에 몸을 묻으며 담배 연기로 굵고 푸른 동그라미를 연속해서 만들어 보였다. 그가 말했다.

"예를 들면 나는 관찰을 통해 오늘 아침 자네가 위그모어 가에 있는 우체국에 다녀왔다는 사실을 알았네. 그리고 추론을 통해 자네가 전보를 쳤다는 것을 알게 됐지."

"둘 다 맞았네. 하지만 도대체 어떻게 그것을 알아냈는지 모르겠군." 내가 말했다. 홈스는 내가 놀라는 것을 보고 쿡쿡 웃으며 대답했다.

"그건 아주 간단하지. 정말 우스울 정도로 간단해서 설명하는 게 불필요할 정도라네. 나는 자네의 발등에 황토가 묻어 있는 걸 관찰을 통해 알았네. 위그모어가 우체국 건너편에는 도로 공사를 하느라 길을 파헤쳐 놓아서 흙이 드러나 있지. 그 흙을 밟지 않고 우체국에 들어가기는 어려워. 그리고 유난히 붉은 황토는 내가 알기로는 이 근방에서 거기 말고는 없네."

"내가 전보를 쳤다는 사실은 어떻게 연역했지?"

"나는 자네가 편지를 쓰지 않았다는 것을 알고 있었네. 오늘 아침 내내 여기 앉아 있었거든. 또 지금 자네 책상에는 우표와 두툼한 엽서 뭉치가 놓여 있네. 그러면 우체국에 가서 전보 치는 것 말고는 무엇을 할 수 있을까? 불가능한 것들을 모두 지워 버렸을 때 남는 것 하나가 진실임이 틀림없네."

2.

조반니 모렐리라는 이탈리아 감정사는 1874년과 1876년 사이에 독일의 미술사 잡지《조형 미술》에 이반 레르몰리예프라는 가명으로 글을 연재했다. 그 가운데 고대나 중세의 이탈리아 명화들이 진품인지를 가려내기 위한 미술사학자의 감정법들이 잘못되었다는 주장이 있다. 그는 그림을 제대로 감정하려면, 화가의 가장 두드러진 특징에 주목해서는 안 된다고 했다. 그런 특징은 누구나 알고 있어서 쉽게 모방할 수 있기 때문에 그보다는 오히려 사소한 것에 주목해야 한다는 것이다. 특히 화가가 속했던 화단에서 하찮게 여겼던 것들이 중요한 단서가 된다. 예를 들어 귓불이나 손톱, 손가락, 발가락의 모양 등이다. 그래서 모렐리는 그의 「이탈리아의 화가들」이라는 논문에, 예컨대 보티첼리, 코스메 투라 같은 거장들의 진품에서는 항상 발견되지만, 모조품에서는 결코 발견할 수 없는 특징적인 귀 모양, 손 모양 등의 스케치를 모아 놓았다. 그리고 이것들을 근거로 유럽의 몇몇 주요 화랑에 걸린 그림들에 새로운 감정을 내놓아 세상을 깜짝 놀라게 했다. 예컨대 드레스덴의 어느 화랑에 걸린 비너스 그림은 분실된 티티안의 그림을 사소페라토가 모사한 작품으로 알려져 있었는데, 그것이 조르조네가 그린 진품이라는 사실을 증명해 냈다.

3.

요하네스 케플러는 당시 다른 천체 물리학자들과 마찬가지로 행성이 완전한 원형 궤도를 돈다고 생각했다. 그러나 튀코 브라헤가 1576년과 1597년 사이에 수집한 행성들에 관한 방대한 자료들을 보고 그것이 원형 궤도설과 맞아떨어지지 않는다는 것을 발견했다. 그래서 그는 행성의 궤도가 원형이 아닐 수도 있다는 세 가지 잠정적 가설을 세웠다. 이것이 그의 천재성인데 이에 대해 노우드 러셀 핸슨은 『과학적 발견의 패턴』에 이렇게 쓰고 있다. "케플러는 물리학에서의 모든 추론의 전형이다. …… 『화성의 천체 운동에 대하여』는 브라헤의 데이터에 대한 간결한 표현 그 이상이다. 이것은 또한 타원 궤도 가설로부터 기하학적 결과들을 연역한 것도 아니다. 케플러의 과제는 '주어진 브라헤의 데이터로부터 그것을 모두 포함하는 가장 간단한 곡선이 무엇인가?'라는 것이었다. 그가 마침내 타원을 발견했을 때 창조적 사상가로서 케플러가 할 일은 실제로 끝났다."

4.

우선 이 세 이야기를 갖고 시작하자. 첫 번째 이야기는 당신도 알다시피 영국의 추리 소설 작가 아서 코난 도일이 쓴 『네 사람의 서명』 가운데 일부를 요약한 것이다. 두 번째는 이탈리아 볼로냐 대학교의 역사학자 카를로 긴츠부르그의 논문 「단서와 과학적 방법」에 나오는 이야기이다. 그리고 마지막은 케플러가 행성의 타원 궤도를 발견해 낸 과정을 설명한 글이다. 여기에서 당신에게 수수께끼를 하나 던지겠다. 이 세 가지 이야기에서 공통점은 무엇인가? 해결의 실마리는 이 이야기들이 모두 어떤 한 가지 탐구 방법과 연관되어 있다는 데에 있다. 곰곰이 살펴보면, 모두 관찰을 통해 드러난 어떤 특별한 (그러나 보통 사람들은 주목하지 않는) 사례로부터 새로운 사실을 탐구해 내고 있다. 즉, 홈스는 왓슨의 발등에 묻은 황토에서 그가 우체국에 가 전보를 부쳤다는 사실을 알아냈다. 또한 모렐리는 드레스덴의 어느 화랑에 걸린 비너스 그림에 나타난 귀의 모양을 통해 그것이 조르조네가 그린 진품이라는 사실을 알아냈다. 그리고 케플러는 브라헤의 자료들을 보고 행성의 궤도가 타원형이라는 사실을 알아냈다. 이 탐구 방법이 무엇일까? 아마 눈치가 빠른 사람이라면 이미 알아챘겠지만 노심초사하는 마음으로 몇 가지 힌트를 더 주겠다.

5.

작가이기 전에 의사였던 도일은 자신의 은사인 에든버러 왕립 병원의 조지프 벨 교수를 모델로 해 셜록 홈스라는 인물을 만들었다. 도일이 스승의 놀라운 추리 능력에 대해 직접 남긴 글이 있다. 벨 교수가 어떤 민간인 환자와 나눈 대화다. "자, 당신은 군 복무를 해 왔군요?" "예, 선생님." "스코틀랜드 고지방 연대 출신이지요?" "예, 선생님." "하사관이었지요?" "예, 선생님." "바베이도스에 주둔했었지요?" "예, 선생님." 이 대화 후 벨 교수는 그의 제자들에게 이렇게 설명했다. "여러분, 이 사람은 예의가 바르긴 하지만 모자를 벗지 않았습니다. 군대에서는 모자를 벗지 않지요. 만약 제대한 지 오래되었다면 민간인의 예절을 배웠을 겁니다. 이 사람에게는 권위의식이 있고, 스코틀랜드 인이 분명합니다. 바베이도스에 주둔했다고 한 이유는 그가 상피병을 호소하는데, 이 병은 영국이 아닌 서인도 제도에서만 발병하기 때문입니다." 벨 교수도 바로 이 방법을 사용했다.

6.

긴츠부르그는 사냥꾼들이 짐승의 발자취를 보고 사냥감을 추적할 때, 의사가 증상을 보고 병을 진단할 때, 점쟁이가 관상을 볼 때, 고고학자가 유물을 통해 과거의 생활상을 알아낼 때, 고생물학자가 뼈 몇 조각으로 멸종 생물의 모습을 재현해 낼 때, 고문서학자가 고대 문자를 해독할 때, 핵 물리학자가 입자 가속기와 감광판을 이용해 입자의 성질을 알아낼 때, 기상청이 내일의 날씨를 예측할 때, 낚시꾼이 찌로 물고기의 움직임을 알아낼 때와 같이 관찰을 통해 새로운 사실들을 발견해 내는 모든 탐구에 이 방법이 사용된다고 했다.

7.

핸슨은 과학자들이 보통 실험과 관찰을 통해 얻어진 개별적 자료들에서 보편적 법칙을 이끌어 내는 귀납적 방법을 연구에 사용한다고 알려져 있지만, 사실이 아니라고 했다. 특히 과학의 새로운 지평을 연 창의적인 과학자들의 경우에 더욱 그렇다는 것이다. 그는 예컨대 갈릴레오가 가속도의 문제를 해결하려고 노력했을 때, 케플러가 타원 궤도를 생각했을 때, 뉴턴이 물질과 빛의 입자적 본성에 대해 고심했을 때, 러더퍼드가 '토성 모형'의 원자 구조를 받아들일 때, 디랙이 반물질을 떠올렸을 때, 유카와 히데키가 중간자를 예언했을 때 사용한 것은 귀납법이 아니고 바로 이 방법이었다고 주장했다.

8.

그렇다! 이제는 설사 눈치가 그리 빠르지 못한 사람이라 할지라도 알아챘을 것이다. 이 탐구 방법은 일찍이 아리스토텔레스가 아파고게(apagoge)라고 불렀고, 찰스 샌더스 퍼스 이후부터는 보통 가추법 또는 귀추법이라 부르는 추론법이다. 여러 가지 설명이 가능하지만 핸슨의 설명을 따르자면, 가추법은 "① 관찰을 통해 어떤 특정한 현상 P를 알았다. ② 그런데 만약 H가 참이면 P가 설명된다. ③ 따라서 H가 참이라는 가설이 가능하다."라는 형식으로 진행된다. 위에서 든 예들을 설명해 보자. 우선, 홈스의 가추법은 다음과 같았다. "왓슨은 편지를 부치러 우체국에 가지 않았다. 그런데 만일 왓슨이 우체국에 가서 전보를 부쳤다면 왓슨이 편지를 부치러 우체국에 가지 않았다는 것이 설명된다. 그러므로 왓슨이 전보를 부쳤다는 가설이 가능하다." 또 모렐리의 추론은 이랬다. "드레스덴의 화랑에 걸린 비너스 그림의 귀 모양은 티치아노 그림의 귀 모양과 일치하지 않는다. 그런데 만일 그 비너스 그림이 조르조네가 그린 것이라면 그 그림의 귀 모양이 티치아노 그림의 귀 모양과 일치하지 않는다는 것이 설명된다. 그러므로 그 그림은 조르조네가 그린 진품이라는 가설이 가능하다." 케플러의 추론도 마찬가지다. "브라헤의 관찰 자료들은 원형 궤도설에 일치하지 않는다. 그런데 만일 행성의 궤도가 타원형이라면 브라헤의 관찰 자료들은 원형 궤도설에 일치하지 않는다는 것이 설명된다. 그러므로 행성의 궤도가 타원형이라는 가설이 가능하다." 이렇듯 가추법은 관찰을 통해 드러난 어떤 특정한 현상으로부터 그것을 가능하게 하는 가설을 결론으로 이끌어 낸다. 이것이 가추법의 '탐구적' 또는 '추리적' 성격인데, 바로 이런 성격에 탐정들과 과학자들이 매료되는 것이다.

9.

흥미로운 것은 그럼에도 과학자들은 자신의 연구에 가추법을 사용했다는 것을 숨기고 싶어 한다는 사실이다. 예컨대 찰스 다윈은 그의 자서전에 "나는 진정한 베이컨의 귀납 원리의 입장에서 작업했고, 그 어떤 이론도 없이 사실들을 대규모로 수집했다."라며 『종의 기원』에서 펼친 주장들이 귀납적 방법에 의해 도출되었음을 강조했다. 나아가 뉴턴은 "나는 가설을 만들지 않는다."라고 호언했으며, 홈스도 "아니, 아니, 난 추측은 절대로 않는다네."라며 자신의 추리 방법이 연역법이라고 주장했다. 그들이 한결같이 가추법을 사용했음에도 불구하고 말이다. 이유가 뭘까? 가추법을 형식화해 보면 그것이 드러난다. 역시 다양한 형식들이 가능하지만, 그중 가장 간단한 것이 '$((p \rightarrow q) \cap q) \rightarrow p$'이다. 그런데 이것은 형식 논리학에서 말하는 후건 긍정의 오류에 속한다. 다른 복잡한 형식들도 모두 같은 오류에 도달한다. 어떤 주장이나 이론이 형식적 오류를 범한다는 것은 그것의 타당성이 인정되지 않음을 의미한다. 위의 예에서, 왓슨은 홈스의 추리와는 달리 우체국에 친구를 만나러 갔거나 예금을 찾으러 갔을 수도 있지 않은가! 홈스(또는 도일)도 그것을 알았기 때문에 "불가능한 것들을 모두 지워 버렸을 때 남는 것 하나가 진실임이 틀림없네."라는 말을 곧바로 덧붙였다. 즉 우체국에는 왓슨의 친구도 없고 은행 업무도 취급하지 않아서 왓슨은 우체국에서 오직 편지나 전보를 부치는 일만 할 수 있다는 뜻이다. 오직 그런 경우에만 홈스의 추론은 타당하다. 결국 이렇게 정리된다. 가추법은 가장 창의적인 추론법이지만 동시에 가장 오류 가능성이 높은 추론법이기도 하다. 티 없는 옥이 어디 있고, 크고도 단 참외가 어디 있으랴!

10.

그렇다면 이제 당신에게 남은 문제는 논리적으로 안전한 입장을 취하면서 미미한 결과에 만족할 것인가 아니면 논리적 오류 가능성을 받아들이면서 의미심장한 결과로 나아갈 것인가이다. 그것은 오직 당신이 어떤 사람이냐에 달려있다. 일찍이 독일의 철학자 피히테는 "어떤 사람이 어떤 학문을 하느냐 하는 것은 그 사람이 어떤 사람인지에 달려 있다."라는 말을 한 적이 있다. 맞는 말이다. 당신이 만일 왓슨이 아니고 홈스처럼 창의적인 사람이라면, 드레스덴의 비너스를 모사품이라고 감정했던 감정사가 아니고 모렐리같이 예리한 사람이라면, 행성에 대한 수천 가지 자료만을 모았던 브라헤가 아니고 그것에서 새로운 과학적 사실을 발견해 낸 케플러 같은 사람이라면, 다시 말해 창의적인 가설을 설정함으로써 토머스 쿤이 말하는 과학의 패러다임을 바꾸고 싶은 사람이라면, 당신의 연구에 귀납법보다는 가추법을 '부지런히' 사용해야 할 것이다. 그렇지 않은가?

김용규 철학자

독일 프라이부르크 대학교와 튀빙겐 대학교에서 철학과 신학을 공부했다. 저서로『영화관 옆 철학카페』,『데칼로그』,『타르코프스키는 이렇게 말했다』,『알도와 떠도는 사원』, 『다니』,『철학통조림』시리즈,『철학카페에서 문학읽기』와『설득의 논리학』등이 있다. 이 원고는『설득의 논리학』(웅진지식하우스)의 5장을 축약한 것으로 웹진《크로스로드》3권 12호에 실렸던 내용이다.

과학과 철학의 경계를 넘어
아인슈타인의 과학 사상

흔히 물리학과 철학은 매우 다른 학문 분야라고 한다. 그렇지만 이 둘은 방법론에서의 유사성은 물론, 관심 주제가 겹치는 영역도 존재한다. 실재란 무엇인가, 물리학자가 발견한 자연의 법칙이 어떻게 보편적일 수 있는가, 이론과 실험 데이터와의 일치는 어떻게 설명할 수 있는가, 시공간의 본질은 무엇인가, 외부 세계에 대한 인간의 인식의 조건들은 무엇인가, 현대 과학은 세계에 대해 얼마나 진실한 이해를 제공해 주는가, 과학자들은 자신의 연구에 대해서 어떤 윤리 의식을 가져야 하는가? 물리학과 철학이 모두 관심을 두는 이런 문제들에 대한 해답을 개별적으로 추구하기보다는 대화를 통해서 서로의 문제의식을 공유하고 둘의 노력을 합치면 더 의미 있는 해답을 찾아낼 수 있다. 물리학과 철학의 유용한 상호 영향을 우리는 아인슈타인에게서 찾아볼 수 있다.

아인슈타인의 '과학 철학'
아인슈타인은 1952년에 평생지기인 모리스 솔로빈에게 보낸 편지에

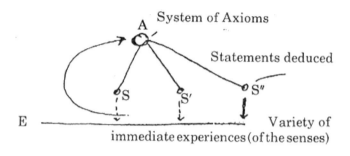

과학의 구조에 대한 아인슈타인의 그림

서 과학에 대한 자신의 철학적 견해를 그림을 그려서 표현했다. (위 그림) 그림에서 E는 우리가 가지고 있는 데이터를 의미하며, A는 물리학의 공리 체계이고, S, S′, S″... 은 공리 체계에서 연역된 (이론적) 명제를 의미한다.

여기서 흥미로운 사실은 E, A, S와의 관계이다. 공리 체계 A에서 이론 명제 S들이 유도되는 과정은 논리적인 과정이다. 이 점에 대해서는 아인슈타인이 과학의 논리적 구조를 강조한 다른 과학 철학자들과 의견을 같이 한다. 그렇지만, 아인슈타인은 데이터 E로부터 공리 체계 A가 만들어지는 과정이 논리적인 과정이 아니라 심리적으로 직관적인 과정이라고 보았다. 더 흥미 있는 사실은 이론 명제 S와 데이터 E와의 관계이다. 아인슈타인은 S와 E의 관계도 논리적이 아니라 직관적이라고 생각했는데, S와 E의 관계가 E와 A의 관계보다도 훨씬 '덜' 논리적인 관계라고 보았다. S와 E의 관계는, A와 S와의 관계는 물론 E와 A의 관계보다도 훨씬 덜 분명하다는 것이다. 아인슈타인은 이 그림이 "관념의 세상과 경험의 세상 사이의 문제가 많은 연관"을 잘 보여 준다고 했는데, 경험의 세계에서 공리 체계가 유도되는 과정은 물론, 이론적 명제들과 경험 세계와 조응하는 관계 모두가 논리적인 과정으로는 설명될 수 없는 것이었다.

이러한 생각은 아인슈타인이 67세가 되던 1946년에 씌어진 자서전에서도 잘 나타나 있다. 자서전의 첫 머리는 사고, 개념, 지식, 개념적 도식에 대한 설명으로 시작된다. 아인슈타인은 과학에서의 사고의 본질이 "개념을 가지고 자유롭게 노는 것"임을 강조하고 있다. 그의 질문은 계속 이어진다. 과학적 사고가 이렇게 자유로운 것이라면 그것이 어떻게 참일 수 있을까? 아인슈타인은 이 해답을 감각 혹은 우리가 감각하는 세계와 과학의 개념이 일치하는 데에서 찾는다. 그렇지만 여기서 문제가 해결되는 것이 아니다. 감각 세계와 개념이 일치하는 데에서 과학적 진실이 찾아진다면, 과학적 사고가 어떻게 자유로울 수 있을까? 결국 이 해답은 개념과 감각 경험과의 관계가 논리적인 것이 아니라 직관적이라는 데에서 찾아진다. 따라서 아인슈타인의 과학관에 따르면, 개념과 경험 세계의 관계는 확실하지 않을 수도 있고 더 확실할 수도 있으며 단지 이 관계가 매우 확실할 때 진리라고 불린다. 아인슈타인에게 과학의 진리는 관계의 확실성이 결정하는 것이었다.

아인슈타인은 평생 동안 '논리적 올바름'과 '과학적 참'을 구별했다. 아인슈타인은 이를, "과학에서의 진실인 명제는 이것의 진실성을 그 체계의 '진실성의 내용'에서 빌려 오는 데, 이 체계의 진실성의 내용은 경험의 총체에 얼마나 조응하는가에 대한 확률에 따라 결정된다."라고 표현했다. 논리가 작동되는 영역은 공리 체계에서 이론 명제가 도출되는 과정에 국한되며, 공리 체계를 만드는 과정이나 이론과 데이터의 조응 여부를 결정하는 단계 모두가 직관적이고 확률적인 판단에 따라 이루어진다는 것이 핵심이었다.

아인슈타인의 철학적 관심

아인슈타인이 철학에 눈을 뜬 것은 어린 시절부터였다. 그는 중·고등학교 시절에 자신의 집에 머물던 유대 인 탈미 덕분에 과학과 철학에 학문적 관심을 가지게 되었다. 그는 탈미의 권유로 칸트의 저작들을 읽기 시작했고, 10대에 이미 칸트의 『순수 이성 비판』, 『실천 이성 비판』, 『판단력 비판』의 '비판 3부작'을 독파했다. 이때 칸트의 철학은 아인슈타인의 마음속에 깊이 각인되었다. 칸트는 뉴턴의 절대 시간과 절대 공간 개념을 받아들이고 이를 발전시켜서 우리가 시간과 공간에 대해서 선험적인 지식을 가지고 있다고 주장했는데, 후에 아인슈타인은 이를 비판하면서 절대 시간과 절대 공간을 부정하고 시공간의 상대성을 주창했다.

스위스 연방 공과 대학(ETH)에 다니던 시절 아인슈타인은 일반적으로 알려진 것처럼 이론 물리학과 수학을 열심히 공부했던 학생은 아니었다. 그는 오히려 실험 물리학에 관심이 많았으며, 실험을 하는 시간 외의 다른 시간에는 철학과 과학 철학을 공부하는 데 몰두했다. 스위스 연방 공과 대학 시절에 아인슈타인은 마흐의 『역학』과 『열이론의 원리』, 쇼펜하우어의 『부록과 추가』, 랑게의 『유물론의 역사』, 뒤링의 『역학의 원리에 대한 비판적 역사』, 로전버거의 『아이작 뉴턴과 그의 물리적 원리』 등을 독파했다. 책의 제목에서 볼 수 있듯이 이러한 책들은 자연 과학과도 관련이 있으면서 철학적 질문을 제기한 저술이었다. 독서를 통한 독학에 덧붙여서 아인슈타인은 연방 공과 대학 철학 교수인 스태들러의 칸트 수업과 "과학적 사고의 이론"에 대한 수업을 수강하기도 했다.

철학에 대한 아인슈타인의 관심은 졸업 후에 스위스 베른에 있는 특허국에 취직을 하면서 더 깊어졌다. 그는 특허국에 재직하는 동안에 모리스 솔로빈, 콘라트 아비히트 등과 함께 "올림피아 아카데미"라는 독서·토론 클럽을 운영했다. 이들은 과학과 철학에 대한 책을 읽고 매주 한 번씩 모여서 늦은 밤까지 토론을 하곤 했는데, 이를 두고 아인슈타인은 나중에 "우리는 당시 베른의 유쾌한 아카데미에서 기막히게 즐거웠던 시간을 보냈다."라고 회고했다. 아인슈타인을 비롯한 올림피아 아카데미의 회원들은 아베나리우스의 『순수 경험 비판』, 대데킨트의 『숫자란 무엇이며 무엇이어야 하는가?』, 영국 경험주의 철학자 흄의 『인간 본성에 대한 논고』, 마흐의 『감각의 분석』, 마흐의 『역학과 그 발전』, 밀의 『논리학』, 칼 피어슨의 『과학의 문법』, 푸앵카레의 『과학과 가설』, 스피노자의 『윤리학』 등을 읽고 토론했다. 이들이 심취했던 것은 복잡한 계산으로 가득한 과학 논문들이 아니라, 과학과 인식에 대한 철학적인 수고들이었다.

아인슈타인은 이러한 철학적 저술에 대한 독서가 자신이 상대성 이론을 창안해 내는 데 결정적인 역할을 했음을 밝힌 바 있다. 그는 1915년에 철학자 쉴릭에게 보낸 편지에서 칸트와 흄에 대한 그의 천착이 없었다면 "상대성 이론의 해법에 도달하지 못했을 것이다."라고 회고했다. 칸트와 흄은 아인슈타인으로 하여금 오랫동안 진리로 받아들여지던 뉴턴 과학과 뉴턴주의 시공간 개념을 의심하도록 만들었던 것이다. 또 뉴턴의 절대적 시공간에 회의를 품던 아인슈타인이 특수 상대성 이론에 도달하게 된 계기는 시간이 상대적이라는 인식을 통해서였는데, 그가 이러한 인식을 갖게 된 데에는 올림피아 아카데미에서의 독서와 토론의 영향이 지대했다. 아인슈타인과 그의 친구들이 읽은 책 중에 포함되었던 푸앵카레의『과학과 가설』에는 동시성과 시간의 측정에 대해서 혁신적으로 새로운 아이디어가 등장한다. 푸앵카레는 "2개의 시간 간격이 동일하다는 것을 직접적인 직관을 통해서 알 수는 없을 뿐만 아니라, 다른 지역에서 일어난 두 사건이 동시에 일어났다는 사실조차 직관적으로 알 수 없다."라고 했으며, 이에 덧붙여서 "두 사건의 동시성, 혹은 다른 말로 해서 이 사건들이 일어난 순서, 그리고 두 시간 간격의 대등과 같은 것은 물리 법칙이 가장 단순하게 표현될 수 있는 방식으로 정의되어야 한다."라고 강조했다. 그는 물리학자 로렌츠가 제안한 '국소적 시간(local time)'이 단지 수학적이고 가상적인 시간이 아니라 물리적인 의미를 가지며 시계로 측정 가능한 시간이라고 주장했다. 이러한 결론들은 아인슈타인이 1905년 논문에서 도달했던 결론들과 거의 다르지 않았다. 칸트, 흄, 마흐, 푸앵카레는 에테르, 빛의 운동, 전자기 유도와 같은 개별 물리학 문제들에 대한 아인슈타인의 고민과 해법을 종합해서 특수 상대성 이론이라는 멋진 체계를 세우도록 도와준 철학적 접착제였다.

아인슈타인이 본 철학과 과학의 관계

철학의 중요성에 대한 아인슈타인의 입장은 여러 곳에서 드러난다. 아인슈타인은 인신론의 문제에 무관심한 동료 과학자들에 대해서 비판적인 입장을 취하면서, 과학자들에게도 인식론의 문제가 중요하다고 다음과 같이 설파했다.

내가 수업 시간에 만난 가장 우수한 학생들, 머리가 빨리 돌아가기보다는 독립적인 판단이 뛰어난 학생들을 생각할 때면, 나는 이들이 인식론에 상당한 관심을 가지고 있음을 확인할 수 있다. 이들은 과학의 목적과 방법에 대한 토론을 기꺼이 시작하며, 자신들의 관점을 고집스럽게 옹호하는 태도를 통해서 인식론이 자신들의 주제에 중요함을 보여 준다.

또 그는 1944년에 학생들에게 과학 철학을 가르쳐야 하는가 물어 온 물리학자의 질문에 대해서 과학 철학과 과학사의 가치를 다음과 같이 높게 평가하면서 철학적 통찰력이 왜 중요한가를 설명했다.

나는 과학의 방법론은 물론, 과학사와 과학 철학의 중요성과 교육적 가치에 대해서 당신의 의견에 완전히 동의합니다. 요즘 많은 보통 사람들은 물론 전문적인 과학자들마저도 숲은 보지 못하고 수천 그루의 나무만을 관찰하는 사람들처럼 보입니다. 역사와 철학의 배경에 대한 지식이 있으면, 같은 시대의 과학자들 대부분이 어쩔 수 없이 품게 되는 편견으로부터 독립적일 수 있습니다. 철학적 통찰을 통해서 만들어진 이 독립적인 마음은 단순한 기술자나 전문가와 진정으로 진리를 추구하는 사람을 구별하는 이정표입니다.

아인슈타인은 물리학의 영역에서 다른 과학자들이 보지 못한 방식으로 문제를 보았고, 이 문제를 다른 사람이 풀지 못했던 방식으로 해결했다. 다른 과학자들은 고전 물리학의 틀을 고수한 상태에서 여러 가지 가설을 사용해서 난제를 해결하려고 했지만, 아인슈타인은 수백 년간 받아들여지던 물리학의 틀을 버리고 과감하게 새로운 틀을 제시했다. 이럴 수 있었던 데에는, 그가 혼란스러운 자연 현상들 뒤에 어떤 '통일성'이 존재한다는 믿음을 가지고 있었기 때문이었다. 대학을 졸업하고 직장을 잡지 못해서 무척 힘들어하던 시절에 그가 친구 그로스만에게 보낸 편지에는 자연의 통일성에 대한 그의 믿음이 잘 드러나 있다. "감각적으로는 서로 다른 것으로 보이는 복잡한 현상 속에서 통일성을 인식한다는 것은 놀라운 감정이다." 그가 일찍부터 자연의 통일성에 경이감을 느낄 수 있었던 것은, 나무만을 연구하는 대신에 숲을 볼 수 있게 해 주었던 철학에 천착했기 때문은 아니었을까?

참고 문헌

Darrigol, Olivier. 2004 "The Mystery of the Einstein-Poincare Connection," *Isis* 95: 614-26.

Einstein, Albert. 1979. *Autobiographical Notes*. LaSalle and Chicago, Illinois. Open Court Publishing Company.

Einstein, Albert. 1987. *Albert Einstein Letters to Solovine*, with an Introduction by Maurice Solovine. New York. Philosophical Library.

Holton, Gerald. 1998. "Einstein and the Cultural Roots of Modern Science." *Daedalus* 127: 1-44,

Howard, Don. 2005. "Einstein as a Philosopher of Science" *Physics Today* (December): 34-40.

Norton, John. 2005. "How Hume and Mach Helped Einstein Find Special Relativity." ms in http://www.pitt.edu/~jdnorton/papers/HumeMach.pdf

Pyenson, Lewis. 1980. "Einstein's Education: Mathematics and the Laws of Nature." *Isis* 71: 399-425.

홍성욱 서울 대학교 생명과학부 교수

토론토 대학교에서 교수를 역임한 뒤에 2003년부터 서울 대학교에서 교편을 잡았으며 과학사 및 과학 철학 협동 과정 전공 주임을 겸하고 있다. 저서로는 『과학은 얼마나』, 『생산력과 문화로서의 과학기술』, 『Wireless: From Marconi's Black-box to the Audion』, 『홍성욱의 과학에세이』, 『인간의 얼굴을 한 과학』(근간)이 있다.

생물학과 코뮌주의
중-생(衆-生)의 존재론을 위하여

생명이란 무엇인가 하는 질문은 매우 오랜 역사를 가진다. 생물에 대한 개념화를 시도했던 아리스토텔레스 이래 이 질문은 명시적으로든 묵시적으로든 계속 던져지며 존속해 왔을 것이다. 그런데 생각해 보면, 생명의 비밀이 묻혀 있을 거라고 믿어지던 인간의 유전체 지도를 다 그렸음에도 세포의 분화와 발생에 관해서는 아는 게 별로 없다. 별별 희한하고 신기한 기계는 만들어 내지만 가장 단순한 수준에서조차 생명체는 만들어 내지 못한다. 이는 아직도 우리가 생명에 대해 충분히 알고 있지 못함을 의미하는 것일 게다. 그렇기에 생명이란 무엇인가 하는 질문은 앞으로도 계속 던져질 것이다.

17~18세기가 물리학의 시대였다면, 19세기는 생물학의 시대였다고 흔히 말한다. 이는 단지 생물학이 급속히 발전한 시대라는 의미가 아니라, 생물학이 다른 학문이나 사유의 영역에 결정적인 영향을 끼친 시대라는 의미일 것이다. 이를 확인하기 위해선 스펜서의 사회학이나 헤겔의 목적론적 철학을 상기하는 것으로 충분할 것이다. 그런데 사실 '생물학'이란 영역이 독자적인 것으로 성립한 때는 19세

기 직전이었다. 광물에서 동물에 이르는 하나의 거대한 연속체에서 떨어져 나와 생물이 독자적인 학문의 대상이 된 때는 라마르크나 동시대인 몇 사람이 'biology'라는 말을 창안한 1790년대 말이었다. 그런데 그것은 놀랍게도 창안되자마자 한 시대 전체를 장악하는 중심적인 학문, 지배적인 사유 형식으로 자리 잡게 된 것이다. 이는 생물학이 그 시대의 사유 방식, 아마도 푸코라면 사유의 무의식적 지반이라는 의미에서 '에피스테메(épistémé)'라고 불렀을 법한 것과 아주 근친적이었음을 뜻하는 것일 게다.

지구상에 존재하는 여러 존재자들 가운데 생물이 특별한 대상으로 부상하게 되었다는 것은 '생명'이란 개념이 특별한 지위를 갖게 되었음을 뜻하는 것이기도 하다. 생명은 살아 있는 모든 것을 그렇지 않은 모든 것과 구별해 주는 특별한 본성이었다. 그것은 생명체들이 보여 주는 이런저런 성질이나 기능과 달리, 그러한 것들을 조직하는 중심이고 모든 것들이 작동하는 목적이었다. 이전에는 생물들의 가시적인 표상 내지 특징을 동일성과 차이의 선을 따라 구별하면서 나누고 배열하던 분류학이 이제는 생명이라는 실체와의 관계에 따라, 다시 말해 생명을 유지하는 데 어떤 기능을 하는가에 따라 구별하고 비교하게 된다. 식물이 일차적인 지위를 갖던 린네의 분류학과 달리 퀴비에 이후의 분류학은 상이한 기관들을 기능적 관점에서 해부학적으로 비교·분류하는 방식을 취했기에 동물들이 일차적인 지위를 갖게 된다.

생명이란 개념이 특권적인 것으로 부상하면서 생명을 다루기 위한 기본적인 단위가 생명 개념을 통해 정의되게 된다. '개체(individual)'는 분할하면 적어도 한쪽이 죽어 버리기에 더 이상 분할할 수 없는(in-dividual), 생명의 최소 단위였다. 이러한 개체가 무엇보다 먼저 기관들이 모여 하나의 전체를 이루는 '유기체'를 모델로 하고 있었다는 것은 길게 말하지 않아도 좋을 것이다. 하지만 이러한 관점은 유기체의 생명 활동을 설명하려고 하자마자, 그리하여 유기체들의 기관들이나 기관들을 직조하는 '조직(tissue)'이라는 개념이 등장하자마자 개념적 난관에 봉착하게 된다. 분할 불가능한 것을 이런저런 요소들로 분할하지 않고선 유기체도, 생명도 설명할 수 없게 되기 때문이다. 세포의 발견은 유기체적 개체의 생명을 설명하기 위해 의거할 기본 단위에 드디어 도달했다는 점에서 또 하나의 문턱을 표시하지만, 그것은 분할 불가능한 존재로서의 유기체를 또 다른 개체들로 분할하는 이론적 역설을 야기하는 것이기도 했다.

여기서 중요한 것은 무엇이 진정한 개체이고, 무엇이 진정한 단위인가가 아니라, 어떤 것이 되든 '개체'라는 기본 단위에 도달해야만 이론적 안정성을 획득한다는 감각일 것이다. 이런 의미에서 개체론(individualism)은 생물학뿐만 아니라 경제학이나 정치학, 사회학에서도 공통적으로 나타나는 일반적인 사유 방법이다. 유심히 보면 그것은 어떤 사태를 분석(분할!)가능한 최소 단위로 환원해 그것들의 성질을 통해 설명하려는 것이라는 점에서 '원자론적 사유'의 다른 형태였다. 물리학에서 원자를 설정하자마자 원자의 특성이나 운동, 구조를 설명하기 위해 원자를 또 다른 기본 단위들로 분할하던 것과 동일한 과정을, 생물학 역시 동일하게 밟아 간 셈이다.

이러한 개체론 또는 원자론적 사고 방식은 경제학이나 사회학의 경우 '개인주의(individaulism)'라는 형태로 나타난다. 사회적 내지 경제적 현상을 그 구성 요소인 개인들로 환원하고, 그것의 특징, 가령

이기적이고 서로에 대해 경쟁적이라는 등의 성질을 통해 개인 간의 관계를 설명하며, 그것을 통해 경제나 사회의 작동 원리를 추적하는 방법이 그것이다. 물론 개인들의 관계가 그런 경쟁으로 나타나고 개인들이 경제적 이익을 따라 움직이는 계산적인 존재가 되는 것은 시장이나 자본주의라는 역사적 조건 속에서였지만, 그렇게 만들어진 경제학이나 사회학은 보편성을 추구하는 이론의 속성상 그것을 인간의 자연적인 본성으로, 또는 경제나 사회의 자연적인 법칙으로 간주한다. 자신의 욕망을 위해 서로에게 늑대가 되는 홉스적 개인들, 경제적 계산과 가격을 따라 왔다 갔다 하는 스미스의 개인들, 또는 생존을 위해 다른 개인들과 경쟁하는 맬서스의 개인들.

아이로니컬한 것은 이러한 개인들의 모습과 관계가 생물학에 거꾸로 재도입된다는 점이다. 진화라는 개념의 기본 개념이 된 생존 경쟁과 자연 선택, 적자 생존의 원리는, 이러한 맬서스나 홉스식의 '개인'들이 말 그대로 '원리' 내지 공리로서 생물학적 '개체'로 치환되면서 도입된다. 실제로 다윈은 『종의 기원』에서 동일한 제목을 단장들에서 맬서스나 스펜서 등을 인용하면서 그들이 제시한 '법칙'이 생물학의 법칙에도 그대로 적용되는 것으로 간주한다. 그리고 그것은 이후 생물학의 가장 일반적이고 포괄적인 이론으로서 진화론의 중심 개념이 되어 생물학의 여러 영역으로 퍼져나가고, 변형된 하위 개념들로 확장된다. 그리고 이는 생물학의 보편 법칙이 되어, 경제학이나 사회학에서 말하는 명제들에 자연적 보편성을 부여한다. 자본주의 또는 시장이라는 조건에서 탄생한 명제들이 이 순환적 과정을 통해 자연적 자명성을 획득해 간 것이다. 원리 또는 공리란 자명한 것이 아니라 이론의 전제로서 도입된 것에 지나지 않는다는 사실은 완전히 잊힌 채 말이다. 개인들의 이기적이고 경쟁적인 관계를 자연적인 것으로 간주한다는 점에서 경제학이 생물학주의적이라면, 개체들의 생명을 자신의 이해 관계에 따라 경쟁하는 시장적 관계로 모형화한다는 점에서 진화 생물학은 경제주의적이다. 이는 '원자론적' 개체들을 유전자의 수준으로 치환해 유전자들의 경쟁과 도태 게임으로 바꾼다고 해서 별로 달라지지 않는다. 경제학자들과 진화 생물학자들이 수학적인 게임 이론을 즐겨 사용한다는 점은 이들의 공통 분모를 잘 보여 주는 하나의 징표일 것이다.

이와 달리 스피노자는 개체란 '개체화'의 결과라고 정의한다. 즉 복수의 요소들이 결합해 하나의 리듬을 갖고 하나의 개체'처럼' 활동할 경우, 그 복수의 요소들의 집합체는 실제로 하나의 개체라는 것이다. 가령 지의류의 경우 녹조류와 균류가 결합해 하나의 개체로서 살아가는데, 이 경우 양자는 하나의 개체로 '개체화'된 것이다. 여기서 녹조류와 균류를 분리해 독자적인 개체로 다루는 것은, 다시 말해 그렇게 결합하지 않고 살아가는 녹조류나 균류와 동일한 것으로 간주하는 것은 잘못된 일이다.

테네시 대학교 전광우 박사의 유명한 실험(1966년 배양 중이던 아메바를 거의 전멸시켰던 세균과 공생에 성공한 아메바는 오히려 세균을 제거하면 죽어 버리게 됨을 증명해 세포 공생 가설을 입증한 실험)이 잘 보여 주듯이, 애초에 침입자였던 세균과 공생하게 된 아메바에게서 세균을 제거하면 아메바는 죽는다. 그 것은 이미 세균 없는 이전의 아메바와 다른 종류의 개체로 바뀐 것이고, 그 세균과 분리할 수 없는(in-dividual) 하나의 개체가 된 것이다. 이는 세포 수준에서의 이질적 생명체의 공생이 입증된 이후 모든 세포 차원으로 확대 가능한 말이기도 하다. 공생 진화론의 창시자인

린 마굴리스 등이 잘 보여 주듯이, 미토콘드리아는 호기성 홍색 세균이 다른 세균에게 잡아먹혔지만 소화되지 않은 채 공생하게 된 결과물이다. 엽록체의 경우도 마찬가지다. 이러한 공생과 융합이 원핵 생물에서 진핵 생물로의 진화, 그리고 단세포 생물에서 다세포 생물로의 진화에서 결정적인 분기점을 이룬다는 것은 이젠 잘 알려진 사실이다. 진화의 가지는 갈라지기만 하는 게 아니라 합쳐지기도 하는 것이다.

따라서 진핵 생물의 경우, 나아가 다양한 세포 소기관을 갖는 세포들의 경우 그 자체가 이미 복수의 세균, 즉 생명체가 결합해 '분리할 수 없는' 하나의 개체가 된 존재인 것이다. 즉 그러한 세포들이란 그러한 개체화를 통해 새로이 존재하게 된 개체다. 여기서 개체란 사실은 분할 가능한 것들이 모여서 '분할 불가능한 것'이 된 것이고, 따라서 그것은 다수의 분할 가능한 것들이 모여서 이루어진 집합체란 의미에서 'multi-dividual'(나는 이를 무리지어 사는 존재라는 의미에서 '衆-生'이라고 명명한 바 있다.)'이다. 즉 모든 개체는 항상-이미 중-생(multi-dividual)이다.

이는 세포 수준에서만 그런 것이 아니다. 다세포 생물의 신체 전체가 그렇다. 우리의 신체는 60조~100조 개의 세포가 모여서 하나로 개체화한 집합체다. 이는 유기체 이상의 수준에 대해서도 마찬가지로 타당하다. 콩과 식물과 뿌리혹박테리아 같은 공생체들은 영양소와 질소를 서로 제공하는 것을 넘어서 유전자 수준에서도 영향을 주고받으며 함께 생존한다는 점에서 공생적인 하나의 개체다. 약간 다른 이야기지만 축구팀은 11명의 개인이 모여서 만들어진 하나의 개체다. 11명이 리듬을 맞추어 '하나처럼' 움직일 때, 이 팀은 하나의 개체로서 훌륭하게 생존할 수 있겠지만, 그렇지 않을 때는 해체되고 만다. 즉 개체로서의 축구팀은 '죽는' 것이다.

여기서 다시 한번 확인하고 강조할 것은 모든 개체가 항상-이미 분할 가능한 요소들의 집합체라는 것이다. 그 집합체를 하위 수준의 개체(sub-dividual)로 분할하는 게 불가능하진 않겠지만, 그 하위 개체들 역시 그 자체로 또 다른 분할 가능한 요소들의 집합체가 될 것이다. 유기체의 신체를 수많은 세포로 분할한다 해도, 세포들 역시 다시 수많은 세포 소기관의 집합체인 것처럼 말이다. 이를 다시 유전자로 나눈다고 해도, 유전자 역시 수많은 뉴클레오티드들의 집합체임을 확인하게 될 뿐이다. 뉴클레오티드 역시 다시 분할 가능하다는 것을 굳이 덧붙여야 할까? 이런 의미에서 더 이상 분할할 수 없는 최소 단위는 없다. 모든 개체, 모든 최소 단위는 다시 분할 가능하다.

또 하나 확인해 둘 것은, 축구 선수들 개개인을 안다고 해서 축구팀을 알았다고 할 수 없으며, 세포들의 특성을 안다고 해서 세포들이 모여서 만들어 낸 기관이나 유기체를 안다고 할 수는 없다는 것이다. 세포들이 독자적인 개체인 것만큼이나 기관들도, 유기체도 독자적인 개체이기 때문이다. 하위 개체에 대해 아는 것이 그것들로 구성된 개체를 이해하는 데 필요하다고 해도, 하위 개체에 대한 설명의 합이 그것들의 집합체에 대한 설명은 되지 못한다는 말이다.

모든 개체는 집합체다. 또 개체처럼 작동하고 개체처럼 생존하는 모든 집합체는 개체다. 개체와 집합체를 대립시키는 것은 분할 가능한 것에서 분할 가능성을 임의적으로 중단하고 포기하는 한에서만 가능하다. 여기서 집합체를 그 최소 단위로 환원해 사고하려는 개체론 또는 원자론적 사고가 불가능하게 되었음을 길게 부연할 필요가 있을까? 차라리 여기서 나는 새로운 존재론적 명제를 찾아내고 싶다. 모든 개체는 그 자체로 항상-이미 하나의 공동체라는 명제를. 나의 몸은 100조 개 세포의 공동체고, 심장은 수많은 조직의 공동체며, 세포들은 수많은 세포 소기관 또는 박테리아의 공동체다. 그것이 먹고 먹히는 관계에서 시작된 것이든 하나가 다른 하나에 기생하는 데서 시작된 것이든, 공생하게 된 것들은 하나의 리듬으로 호흡을 맞추어 움직이며 작동하는 협-조(協-調) 없이는 생존할 수 없다. 이런 점에서 19세기와 20세기 초반의 생물학과 달리 21세기의 생물학은 경쟁과 적대라는 개인주의적 경제학의 공리들과는 반대로 '존재론적 공동체'라는 코뮌주의의 공리들에서 시작할 것을 암암리에 요청하고 있는지도 모른다. 물론 코뮌주의는 공산주의가 아니라는 것을 덧붙여야 하지만 말이다.

이진경 서울 과학 기술 대학교 교수

서울 대학교에서 사회학과 박사 학위를 받고 서울 과학 기술 대학교 기초교육학부 교수로 있다. 저서로 『미-래의 맑스주의』, 『자본을 넘어선 자본』, 『노마디즘』, 『사회구성체론과 사회과학방법론』 등이 있다.

과학 안에서

과학이 인류의 삶과 밀접한 관련을 맺을수록 이상한 일이 벌어진다. 시민들의 일상적 삶에서 과학이 너무 멀리 벗어나 버리고 만 것이다. 동어반복이지만, 오늘 이곳에서 보내는 일상은 과학 기술의 힘없이는 불가능하다. 그럼에도 과학은 베일 속의 무엇인양 여기지고 있다. 소통이 문제라 하지 않을 수 없으니, 베일을 걷어 내고 과학의 맨얼굴을 시민들이 볼 수 있는 기회를 마련해야 한다. 일반인들이 생각하는 것처럼 과학자들은 냉철한 이성을 바탕으로 오로지 목적한 바를 이루기 위해 매진하고만 있을까. 회의하고 반성하고 고민하는 모습은 없는 것일까. 여기에 실린 글들은, 과학하는 사람들이 부여잡고 있는 화두가 무엇이고, 이를 풀어 가기 위해 어떻게 정진하고 있는가를 보여 준다. 우주와 생명의 비밀을 발견하기 위해 노력하는 과정에서 느끼는 기쁨과 이 과정에서 겪을 수밖에 없는 고뇌가 잘 드러나 있는 것이다.

버스는 이미 도착했다
지식 사회 전체를 뒤흔드는 다윈 혁명의 현재

텍사스 대학교에 유학 가서 처음으로 들은 강의는 내 지도 교수였던 데이비드 버스가 진행하는 진화 심리학 세미나 수업이었다. 첫날, 버스 교수는 약간 들뜬 목소리로 저명한 심리학자 스티븐 핑커가 쓰고 있는 책의 원고를 저자의 동의하에 몇 주에 걸쳐 강독하겠노라 했다. 나중에 우리나라에도 번역된 『빈 서판』이었다. 핑커의 전작들에 푹 빠졌던 나로서는 그가 또 어떤 이야기를 풀어놓을지 기대가 컸다. 아직 완성되지 않은 원고에서, 핑커는 본성(nature)과 양육(nurture)이 상호 작용해 우리의 마음과 행동을 낳는다고 주장하고 있었다. 인간 본성에 대한 생물학적 이해가 현대인들에게 유용한 시사점을 준다는 것이다. 아하, 그러시군요. 하지만 그건 누구나 다 아는 사실인데? 인간 유전체가 다 해독된 이 시대에 아직도 인간은 진화의 산물임을 부정하는 사람들이 있나? 다음 주 세미나 시간에 핑커가 이번 책에서는 시쳇말로 너무 날로 먹으려 한다는 불평이 여기저기서 터져 나왔다.

핑커가 옳았다. 다음 해 출간된 『빈 서판』은 구미 각국에서 엄청난 논쟁을 일으켰다. 유전자와 환경의 상호 작용을 강조하는 '따분한' 주장이 대중들에게 흔히 극단적인 유전자 결정론으로 배척받는 현실을 해부한『빈 서판』은 이로써 자신의 명제를 입증하는 또 다른 예가 되었다.

번역서가 나온 뒤 국내 일간지에 실린 서평을 보자. "이 책은 구분하자면 유전자 결정론 쪽에 서 있다. 그걸 분명히 하고 시작한다."[1] 핑커는 유전자와 환경이 모두 중요하다는 뻔한 이야기를 무려 500쪽에 걸쳐 담았지만, 한국의 한 저널리스트의 선입견을 완전히 지우기에는 모자랐던 듯하다.

그렇다. 아직도 많은 사람들이 누군가 인간 사회와 문화를 설명하는 데 유전자나 자연 선택을 얼핏 언급하기만 해도 어딘지 모를 불편함을 느낀다. 인간의 마음은 깨끗한 백지 상태로 시작해 오롯이 환경(양육, 학습, 문화, 사회)에 의해 내용물이 채워진다는 믿음이 여전히 뿌리 깊게 존재한다. 이러한 '빈서판주의(Blank-slatism)'는 아이들의 행동을 교정해 주는 텔레비전 프로그램「우리 아이가 달라졌어요」에 나오는 육아 전문가들의 조언에서도 쉽게 찾을 수 있다. 이들에 따르면, 아이가 말썽을 부리는 까닭은 항상 부모의 양육 방식이 잘못되었기 때문이다. 자녀는 부모의 유전자를 물려받는다는 사실이 조금이라도 영향을 끼쳤을 가능성은 아예 무시된다.

다행히, 인간 본성을 진화적으로 분석한 대중 과학서가 우리나라에도 속속 번역되면서 진화 이론에 대한 일반인들의 관심이 점차 높아지고 있다. 그러나 국내 지식인들의 상당수는 지금 혁명이 진행 중이라는 소식에 어두운 듯하다. 진화 생물학에서 유래한 다윈 혁명이 인문·사회 과학뿐만 아니라 예술, 문학, 법, 종교, 도덕 등 인간의 모든 지식 체계에 새로운 빛을 던지고 있는 세계적인 흐름에 대한 진지한 논의는 찾아보기 어렵다. 《타임》, 《이코노미스트》 등 유수한 대중 매체들이 마음이 어떻게 작동하는가 하는 주제로 씌어진 글들을 특집으로 싣고 있다. 리처드 도킨스, 대니얼 데닛, 제러드 다이아몬드 같은 대가들이 대중에게 진화 이론의 함의를 쉽게 설명하고 있다. 요컨대 이 혁명의 주도자들은 인간 본성을 진화적 관점에서 연구하면 언젠가 좋은 성과를 거두리라는 바람을 읊고 있는 게 아니다. 그들은 이미 참신한 성과를 전방위적으로 내놓고 있다. 2000년에 나온 데이비드 버스의 저서 『위험한 열정』에 대한 《뉴욕 타임스》의 서평은 이렇게 시작한다. "프로이트를 밀어내고 다윈이 새로운 밀레니엄의 주도자로 부상하고 있는가? 정치적으로 결코 정당하지 않은 이론들을 담은 진화학 관련서들이 출간되는 최근 경향을 훑어 보면, 분명히 그런 것 같다." 프로이트와 다른 점은, 다윈주의적 이론들은 인간 사회와 문화에 대한 인문학적 통찰이 자연 과학의 지식을 십분 활용하게끔 도와준다는 점이다.

인간 역시 진화의 산물이라는 '시시한' 인식이 왜 그리도 중요하단 말일까? 사실 진화 심리학자들의 주장은 그리 놀랍지도 도발적이지도 않다. 신체 기관의 구조와 기능은 자연 선택에 의한 진화 이론으로 대단히 잘 설명할 수 있다. 간, 심장, 눈, 귀, 인대, 척추, 깃털, 지느러미, 더듬이, 등딱지 등이 오늘날 존재하는 이유는 그렇게 생긴 기관을 지닌 개체들이 먼 옛날 생존과 번식에 더 유리했기 때문이다. 그렇다면, 신체뿐만 아니라 두뇌와 마음을 탐구하는 데도 다윈의 이론을 써먹지 못할 까닭이 어디 있겠는가?

심장은 몸의 피를 돌리는 펌프 기능을 수행하게끔 자연 선택에 의해 만들어졌다. 마찬가지로 마음은 우리의 진화적 조상들의 생존과 번식을 좌우했던 여러 구체적이고 현실적인 문제들(상한 음식 피하기, 매력적인 배우자 고르기, 안전한 주거지 찾기, 포식자 회피하기, 사기꾼에게 넘어가지 않기, 자식 돌보기 등등)을 잘 해결하게끔 자연 선택에 의해 만들어졌다. 드라마 「뉴하트」에 나오는 흉부 외과 의사 최강국이 심장의 진화적 기능을 잘 이해해 훌륭한 의사가 되었다면, 인문학자들과 사회 과학자들도 마음의 진화적 기능을 잘 이해함으로써 위대한 성취를 이룩할 수 있을 것이다. 이렇게 보면, 대략 수천만 가지로 추정되는 지구상의 다른 모든 생물종들을 눈부시게 잘 설명해 내는 다윈 이론을 유독 영장류의 한 종에는 결코 적용할 수 없다고 보는 사람들이야말로 진정으로 도발적인 주장을 펼치는 셈이다.

물론 인간은 참으로 독특한 동물이다. 인간은 뛰어난 지능으로 문화를 습득하고 전달한다. 우리는 학교에서 인간은 생물학보다 문화의 영향을 훨씬 더 많이 받는다는 점이 인간의 고유한 특성이라고 배웠다. 그러면 문화는 어디에서 유래하는가? 두 집단 간의 행동적 차이를 단순히 두 집단의 문화가 다르기 때문이라고 말한다면, 그러한 차이를 낳은 인과적 설명을 제시하는 게 아니라 같은 현상을 다른 단어로 재기술하는 것에 불과하다. 예를 들어보자. 미국의 대학생들은 캠퍼스 내 어디서나, 심지어 다른 학생들이 많이 지나다니는 건물 복도에서도 혼자 주저앉아 거리낌 없이 점심을 먹는다. 반면에 우리나라에서는 구내 식당에 가야 혼자서 밥 먹는 대학생들을 볼 수 있다. 사실 그것도 창피한지 적잖은 복학생들이 과에 아는 사람들이 없어서 식당에서 혼자 밥 먹기 민망하다는 게 고민이라 한다. 이를 한국은 집단주의적 성향이 강한 반면 미국은 개인주의적 성향이 강하다는 문화적 차이 때문이라고 '설명'한다고 하자. 그러한 문화적 차이를 낳은 심리 기제가 무엇인지, 그 심리 기제는 왜 그러한 차이가 생겨나게끔 작동하는지에 대한 궁금증은 여전히 빈칸으로 남아 있다.

인간 사회와 문화를 이해하기 위해 다윈이라는 렌즈를 적극 활용하기를 권유하는 이 글에 성미 급한 몇몇 독자는 '환원주의'라는 주홍글씨로 된 낙인을 벌써 찍었을지 모르겠다. 인문·사회 과학과 예술이 추구하는 격조 높은 질문들에 대해 무조건 유전자 수준, 더 내려가 분자나 원자 수준에서 해답을 구하는 몹쓸 환원주의 말이다. 환원주의자들의 주장에 솔깃하다 보면 결국 가뜩이나 사정이 어렵다는 인문학과 사회 과학까지 자연 과학, 특히 생물학에 정복되는 비운을 맞게 되는 건 아닐까? 일반적인 오해와는 달리, 무슨 현상이든지 그를 구성하는 가장 단순한 최소 단위 물질로 내려가서 그 수준에서만 설명해야 한다고 부르짖는 몹쓸 환원주의자는 거의 없다. 이명박 정부의 내각이 고소영 S라인으로 채워진 까닭을 대통령의 두뇌를 이루는 소립자들 사이의 힘의 균형이 깨어진 탓으로 설명하는 과학자는 없다.

진정한 의미의 환원주의자는 어떤 학문 분야를 기존의 다른 분야로 완전히 대체하고자 하지 않는다. 단지 어떤 학문이 기존의 다른 모든 학문들과 깔끔히 맞물리는, 좀 더 큰 그림을 함께 보여 주길 요구할 뿐이다. 예컨대 화학은 물리학과 합치된다. 그러나 분자 수준에 적용되는 화학의 고유한 원리들이 있으므로 화학은 물리학으로 환원할 수 없다. 마찬가지로 생물학은 물리학 및 화학과 합치되지만, 생명에 적용되는 고유한 원리들이 있으므로 다른 과학으로 환원할 수 없다.

그러므로 진화 심리학자들의 바람은 참으로 소박하기 짝이 없다. 인문학과 사회 과학에서 내놓는 입론들이 인간 종의 생물학적 진화에 대해 이미 밝혀진 지식들과 어긋나지 않기를 요구하는 것이다. 진화 생물학의 원리만으로는 현 정부의 내각 구성 방식을 설명할 수 없다. 이를 설명하기 위해선 사회학, 정치학, 경제학 등의 제반 원리가 반드시 필요하다. 다만 이렇게 도출한 사회 과학적 설명이 그 토대를 이루는 진화 생물학의 원리와 충돌을 일으켜서는 안 된다는 뜻이다.

알고 봤더니 진화학자들이 너무 겸손한 사람들이라고 생각할지 모르겠지만, 실은 인문 사회 과학적 입론들이 자연 과학적 지식과 충돌을 일으키는 지점이 상당히(!) 많다. 예컨대 낭만적 사랑은 근대 서구 사회에 국한된 감정이며 자본주의에 대한 예속을 공고히 해 주는 역할을 한다고 보는 사회 과학적 견해는 사랑이 장기적인 짝짓기 관계를 유지하는 데 기여하는 인류 보편의 감정이라고 보는 인지 신경 과학, 진화 인류학, 진화 심리학의 견해와 충돌한다. 전 세계 166개 문화들을 비교 조사한 한 연구에 따르면, 그중 147개 문화에서 사랑이 명시적으로 보고되었으며 나머지 19개 문화에서도 사랑의 부재가 입증된 사례는 하나도 없었다.[2] 사랑에 빠진 사람은 어떤 부위의 뇌가 활성화하는지 분석한 인지 신경 과학적 연구나, 사랑으로 인해 야기되는 호르몬 수준의 변화를 추적한 행동 내분비학의 연구 결과도 사랑은 모든 사회에 보편적으로 존재하는 진화적 적응임을 뒷받침한다.[3] 이는 사랑에 대한 인문·사회 과학적 분석은 사랑이 어떤 기능을 달성하기 위해 자연 선택에 의해 빚어진 감정인가에 대한 진화적 이해를 출발점으로 해야 한다는 점을 시사한다.

진화적 관점에서 인간 사회와 문화를 분석하고자 했던 이른바 사회 생물학자들이 1970년대에 한때 큰 학문적 논쟁을 불러일으켰을 뿐 별다른 구체적 성과 없이 바로 사라졌다고 믿는 사람들을 간혹 본다. 그렇지 않다. 인간의 마음이 진화한 목적을 묻는 다윈의 방법론은 이후 꾸준히 발전했으며, 21세기에 들어서면서 종교, 법, 미학, 문학, 예술, 교육, 의학, 경영 등 수없이 다양한 분야에 응용되어 주목할 만한 성과를 거두고 있다. 영화 「속죄」의 원작자 이언 매큐언은 1997년에 진화 심리학에 바탕을 둔 소설 『이런 사랑』을 저술했으며, 최근에는 문학과 진화 심리학의 관계를 규명한 논문을 『문학적 동물』이라는 학술서에 싣기도 했다. 우리나라에도 최근 『뇌의 왈츠』와 『보바리의 남자 오셀로의 여자』라는, 각각 음악과 문학에 대한 진화적 접근을 다룬 대중서들이 재빨리 번역 출간되었다. 실용 정부도 들어선 마당에, 다윈의 이론을 선입견에 기대어 무조건 배척하지 말고 이 이론이 그동안 생물학과 전혀 무관하다고 여겼던 여러 지식 분야들에 정말로 새롭고 쓸모 있는 통찰을 제공해 주는지 한 번 꼼꼼히 따져보시길 부탁드린다.

다윈 혁명은 벌써 도착했다. 망설이지 말고 버스에 올라타시라.

주

1) 조우석, "철학, 종교와의 샅바싸움", 《중앙일보》 2004년 2월 28일.

2) Jankowiak, W. R. & Fisher, E. F., (1992). A cross-cultural perspective on romantic love, *Ethnology* 31, 149~156.

3) Fisher, H. (2004). *Why we love*, New York, NY: Henry Holt.

전중환 경희 대학교 후마니타스 칼리지 교수

서울 대학교 생물학과를 졸업하고 동 대학원에서 행동 생태학으로 석사 학위를, 텍사스
대학교 (오스틴) 심리학과에서 진화 심리학으로 박사 학위를 받고 이화 여자 대학교 에코
과학 연구소 박사 후 연구원을 지냈다. 혈연 간의 이타적 행동과 갈등, 성적 행위에 대한
혐오에 관심이 있다. 저서로 『오래된 연장통』이 있고, 번역서로 『욕망의 진화』가 있다.

생명과 과학, 경쟁과 협동의 이중주
과학계의 협동에 대하여

생명, 경쟁과 협동의 대서사시

땅다람쥐 한 마리가 뒷발로 곧추 선 상태에서 먼 곳을 바라보고 있다. 치타가 자기 쪽으로 달려오는데도 그는 도망갈 태세가 아니다. 되레 소리를 지른다. 지레 겁먹은 비명이 아니라 뭔가를 알리는 신호다. 그 소리에 주변의 동료 다람쥐들은 재빠르게 굴속으로 숨어 버린다. 하지만 그는 오늘 치타의 맛있는 저녁 식사가 됐다. 이 얼마나 숭고한 희생인가! 그러나 당사자의 입장에서만 본다면 그것은 참으로 바보 같은 행동이다.

'도대체 자신을 희생하는 행동이 어떻게 진화할 수 있는가?'라는 물음은 다윈을 곤경에 빠뜨린 질문이었다. "피로 물든 이빨과 발톱"이라는 말로 요약된 경쟁의 빈도만큼은 아닐지라도 자연계에 꽤나 널려 있는 생명의 협동 현상은 하나의 지적인 수수께끼였다. 예컨대 사향소나 어치 등은 천적으로부터 자기 자신을 보호하기 위해 서로 협력해 집합체를 이룬다. 많은 육식 동물(가령, 늑대, 아프리카산 사냥개, 침팬지, 사자 등)은 협동을 통해 사냥을 하고 고기를 나눠 먹는다. 암사자들

207

은 우두머리 수사자의 배다른 새끼들이 자신의 젖을 먹도록 놔둔다. 또한 피를 구하는 데 실패한 흡혈 박쥐는 자기 숙소에 있는 다른 동료들에게서 피를 얻는다. 심지어 자기 자식 낳기를 포기하고 자매들을 평생 돌보는 일개미의 희생적 행동도 있다.

다윈의 『종의 기원』이 출간된 지 거의 150년이 지나는 동안 생물학자들은 이 협동의 진화 문제를 풀기 위해 많은 시행착오를 겪었다. 그리고 이제는 생명의 역사가 갈등과 협동의 대서사시임을 명확히 알게 되었다. 경쟁과 협동 중 어떤 하나라도 결핍되었다면 생명의 역사는 어딘가에서 이미 멈췄을 것이다. 동물의 행동에도 경쟁과 협동이 있다면 인간의 경우는 어떨까? 아니 과학자의 경우는 어떨까? 과학자들도 협동을 하는가? 과학자들의 경쟁과 협동은 과연 어떤 모습일까?

생명의 서사시와 과학의 이중주

2002년 노벨 경제학상을 받은 인지 심리학자 대니얼 카네만의 이름 옆(왼쪽이든 오른쪽이든)에는 늘 또 하나의 이름이 따라다닌다. 카네만과는 이스라엘 헤브루 대학교 동문이며 한때 모교에서 함께 가르치고 연구했던 아모스 트버스키가 그다. 그들은 각각 미국의 다른 대학에서 박사 학위를 끝낸 후 헤브루 대학교에서 만나 1969년부터 공동 연구를 시작했다.

그들은 이른바 '휴리스틱과 편향' 연구 프로그램을 창안해 불확실한 상황에서 인간이 어떻게 의사 결정을 내리는지를 함께 연구했지만 트버스키는 1996년에 세상을 떠났고, 사후 수여 불가 원칙에 따라 카네만에게만 노벨상이 수여됐다. 그는 수상 소감을 묻는 회견 자리에서 논문 작성과 관련해 매우 흥미로운 일화를 소개했다. "우리 둘은 서로 완전히 동의할 때까지 끊임없이 토론했습니다. 그런 후에는 동전을 던져 제1저자를 정했죠." 이 한마디로 저자 표기가 어떤 경우에 "Kahneman & Tversky" 혹은 "Tversky & Kahneman"이 되는지에 대한 궁금증이 시원하게 풀렸다.

현대 과학은 아리스토텔레스나 뉴턴의 경우처럼 혼자 하는 게임이 아니다. 저명한 저널에 실린 논문 중에는 무려 100여 명의 공동 저자 이름이 표기되어 있는 경우도 있다. 오히려 단독 저자로 등록된 논문은 과학계에서 점점 더 예외적인 경우가 되어 가고 있다. 공동 연구가 주를 이루고 있다는 사실은 과학자들 간의 협력이 증가했다는 뜻일까? 물론 협력은 증가했지만 그렇다고 해서 경쟁이 줄어들었다고 해석해서는 곤란하다. 오히려 경쟁이 집단화되고 더 치열해졌다고 해야 할 것이다. 혼자 게임을 해서는 절대로 이길 수 없는 싸움이기에 동맹을 맺으려는 것이다. 이는 마치 혼자 사냥을 해서는 실패할 확률이 높기 때문에 여러 마리가 떼를 지어 사냥을 하고 고기를 나눠 먹는 암사자들의 협력 행동과도 유사하다.

1950년대에 DNA 구조 해명을 두고 펼쳐진 과학자들의 행동은 과학자들의 상리 공생을 잘 보여 주는 사례다. 잘 알려져 있듯이, 1953년에 제임스 왓슨과 프랜시스 크릭은 DNA 구조가 이중 나선의 모양을 띠고 있다는 사실을 처음으로 밝혀내어 1962년에 노벨 생리·의학상을 수상한다. 이 둘은 DNA 구조 해명을 놓고 다른 두 팀과 경쟁을 벌이고 있었다. 한 팀은 DNA의 엑스선 회절 사진의 전문가들인 모리스 윌킨스와 로잘린드 프랭클린으로 이뤄진 영국팀이었고, 다른 한 팀은 노벨상을 두 번 받은 저명한 화학자 라이너스 폴

링과 동료들로 구성된 미국팀이었다. 그렇다면 어떻게 왓슨과 크릭 팀이 최후의 승자가 됐을까? 과학사학자들에 따르면 그들의 승리에는 여러 요인들이 있었지만 팀원들 간의 원활한 협동도 매우 중요한 요인으로 작용했다.

프랭클린과 윌킨스는 한마디로 '썰렁한 관계' 속에서 다소 민망한 '공동 연구'를 하고 있었다. 둘의 관계는 과학사에서 매우 하찮은 것처럼 보이나 실은 대단히 중대한 개인적 불화의 하나로 알려져 있다. 이 썰렁함은, 윌킨스가 여성 과학자였던 자신을 한 사람의 독립적인 연구자로서가 아니라 조수로 쓰고 싶어 한다는 프랭클린의 의심에서 시작됐다. 그리고 프랭클린의 지나친 신중함과 윌킨스의 소극적 연구 자세로 관계는 더욱 악화됐다. 그 결과 프랭클린은 엑스선 회절 사진촬영과 해석에 윌킨스의 도움을 거의 받지 못했다.

반면 왓슨과 크릭은 DNA의 구조 연구를 공식적인 자신들의 연구 과제로서 수행하진 않았지만 그것이야말로 유전학의 핵심 과제라고 공감했기 때문에 거의 매일 이 문제에 대해 자유롭게 토론했다. 자유로운 비판과 상호 배움의 분위기는 프랭클린과 윌킨스 간의 썰렁한 분위기와 대조를 이룬다. 또한 그들에게는 윌킨스와 프랭클린을 통해 양질의 엑스선 회절 사진들을 접할 수 있는 행운도 있었다. 게다가 당시 같은 실험실의 연구원들은 특급 도우미 역할을 해 줬다. 예컨대 피터 폴링(라이너스 폴링의 아들)은 자기 아버지의 '삼중 나선 모형'을 왓슨과 크릭에게 보여 줌으로써 그들에게 희망과 경쟁심을 불러일으키는 역할을 한 것으로 유명하다. 또한 미국 결정학자 제리 도너휴는 왓슨에게 교과서에 실려 있는 틀린 내용을 지적해 줌으로써 그들이 올바른 염기쌍을 만드는 데 결정적 도움을 주었다. 이렇게 왓슨과 크릭은 12세의 나이 차이에도 불구하도 단짝이 되어 자연스럽게 주변 사람들의 손길을 이끌어 냈다.

그렇다면 이 둘은 무엇 때문에 이런 동맹을 원했을까? 흔히 과학 발전의 가장 중요한 동인은 '지식에 대한 갈망'이라고들 말한다. 그러나 왓슨의 『이중 나선』을 읽어 본 독자들은 그가 노벨상을 거머쥘 목적으로 연구에 매진했던 것은 아닌지 한번쯤 의심해 봤을 것이다. 누군가가 왓슨에게 "『이중 나선』에서 경쟁을 지나치게 부각시킨 것 아니냐?"라고 질문한 적이 있다. 이에 그는 "오히려 부족했다. 경쟁이라는 것은 과학에 있어서 가장 큰 동기다."라고 되받아쳤다. 반면 크릭은 "경쟁에서의 승리보다는 구조 해명 자체를 무척 갈망"했기 때문에 연구를 진행했다고 술회한다. 어쨌든 그들은 집단 사냥에 나선 암사자들처럼 환상적인 팀워크로 타낸 노벨상을 나눠 가졌다.

과학자 사회에서 집단 간 경쟁과 집단 내 협동은 과학의 진보를 대체로 앞당긴다. 인간 유전체의 염기 서열 해독을 둘러싸고 국제 공동 연구 기관과 셀레라 지노믹스라는 민간 기업이 벌였던 경쟁은 좋은 사례다. 인간 유전체 사업은 미국 국립 보건원과 에너지성의 주도로 1988년에 발족된 국제 공동 사업이었다. 미국, 유럽, 일본이 주축이 된 이 대규모 공동 연구단은 2003년까지 인간 유전체의 염기 서열을 밝혀내는 것을 목표로 삼았다. 하지만 셀레라 사가 같은 목표를 2000년에 달성하겠다고 뛰어들면서 새로운 국면을 맞게 된다. 특히 미국 국립 보건원의 팀장이었던 벤터 박사가 셀레라 사에 합류하면서 특허를 노리고 있는 이 민간 회사의 목표는 점점 가시화되고 있었다. 하지만 이 경쟁은 2000년 6월 26일 미국과 영국의 정상과 셀레라 사 사이의 협조 선언을 통해 끝이 난다. 집단 내 협동과 집단

간 경쟁, 그리고 이어진 집단 간 타협으로 인해 인간 유전체 해독이 당초보다 몇 년 앞당겨진 셈이다. 이렇게 과학은 경쟁과 협동의 이중주이다.

월리스, 세상에서 가장 이타적인 과학자

자연계에는 단순한 협동 수준을 넘어 극도로 희생적인 행동을 보이는 개체들도 눈에 띈다. 가령, 개미와 벌 같은 곤충 사회에서는 일개미(벌)들이 번식도 하지 않은 채 여왕개미(벌)를 돕는 이타적 행동을 한다. 과학자 사회에도 이런 이타적 과학자가 존재할까?

1858년 6월 18일, 다윈에게 한 통의 편지가 배달되었다. 발신인 란에는 '앨프리드 러셀 월리스'라는 이름이 적혀 있었다. 영국의 조그만 시골에서 태어난 월리스는 14세에 학교를 그만두고 여기저기에서 측량 기사로 일하면서 생계를 유지해야 하는 가난한 젊은이였다. 10년 정도 측량 기사로 여러 지역을 돌아다니다 보니 그는 자연스럽게 동식물 표본에 관심을 갖게 되었고 1854~1862년에는 영국을 떠나 동남아, 아마존, 인도네시아 등지를 탐험하기에 이른다.

월리스는 이미 1854년부터 종이 진화할지도 모른다고 생각하고 있었다. 왜냐하면 남아메리카를 탐험하면서 생물의 지리적 분포에 관한 독특한 관찰을 할 수 있었기 때문이다. 그는 지리적 장벽으로 인해 분리된 두 지역에 서식하고 있는 종들이 마치 자매들처럼 매우 유사하다는 사실을 종종 발견하곤 했다. 게다가 찰스 라이엘의 『지질학 원리』를 꼼꼼히 읽으면서 점진적인 변화가 생물의 지리적 분포를 결정하는 데 매우 중요하다는 사실을 어렴풋이 깨닫게 되었다.

1858년 초, 그는 열사병으로 누워 말레이 군도 원주민의 인구가 왜 급격히 증가하지 않는지를 곰곰이 생각한다. 그러다 15년 전 흥미롭게 읽었던 맬서스의 『인구론』이 갑자기 떠올랐고, '생존 투쟁'이야말로 새로운 종을 탄생시키는 메커니즘이라는 사실을 깨달았다. 이에 관해 짧은 논문을 작성한 월리스는 그것을 편지에 동봉해 다윈에게 보낸다. 출판을 부탁한 것도 아니었다. 단지 자신이 "올바른 생각"을 하고 있는지 검토받고 싶다는 정도였다.

왜 하필이면 월리스는 다윈에게 편지를 보냈을까? 사실 다윈은 그를 이전에 딱 한번 만났을 뿐이지만 흥미로운 생각과 좋은 표본들을 종종 보내 왔기 때문에 그 이후로 서신을 교환했었다. 물론 다윈에게 월리스는 편지를 주고받는 여러 명 중 한 명이었을 뿐이다. 하지만 월리스에게 다윈은 매우 특별한 존재였다. 이미 다윈은 영국의 지식인 사회에서 유명인이었으며 지질학과 생물학 분야에서는 대가의 반열에 올라 있었다. 그리고 당시에는 그가 종의 기원 문제에 대해 매우 이단적인 생각을 갖고 있다는 소문이 퍼지기 시작할 때였다. 비슷한 문제로 고민을 하던 월리스에게 다윈보다 더 좋은 스승은 없었던 것이다.

월리스의 편지를 읽는 다윈의 얼굴은 점점 굳어 갔다. 어쩌면 조용히 자기 방으로 들어가 문을 잠그고 흐느꼈는지도 모른다. 편지에는 다윈 자신이 20년씩이나 공들여 온 자연 선택 이론이 너무도 명확하게 요약돼 있었기 때문이다. 다윈은 그동안의 연구를 모두 불태우는 한이 있더라도 행여 월리스의 생각을 훔쳤다는 말은 듣고 싶지 않았다. 망연자실한 다윈에게 동료들이 흥미로운 제안을 한다. 다윈이 자연 선택에 관해 1844년에 쓴 글과 1857년에 쓴 편지의 일부, 그리고 월리스의 논문을 함께 묶어서 생물 분류학회(런던 린네 학회)에서 발표하자는 것. 자연 선택 개념의 근원지가 다윈이라는 사실은 지인들 사이에서 더 이상 비밀이 아니었기에 그런 조치가 가능했던 것이다. 하지만 월리스는 당시 런던에서 무슨 일이 벌어지고 있는지 전혀 알지 못했다.

1858년 7월 1일, 놀랍게도 이 혁명적 사상의 발표는 조용하게 끝났다. 아마 요즘 같으면 지적 재산권을 놓고 법정 시비가 붙었을 만한 상황이었다. 더 놀라운 일은 발표가 끝난 후에야 이 소식을 듣게 됐는데도 월리스는 결코 불쾌해 하지 않았다는 사실이다. 이후 다윈은 몇 달 동안 집필에 몰두하게 되는데, 이렇게 1859년에 나온『종의 기원』의 탄생 뒤에는 월리스의 관용과 희생이 있었다.

"2등은 영원히 기억되지 않는다."라는 광고 문구가 있긴 하지만 월리스의 경우처럼 공동 1등도 때로는 잊혀질 수 있는가 보다. 과학사에 조예가 깊은 사람이 아니라면 그의 이름을 기억하는 이는 거의 없을 것이다. 이는 어쩌면 월리스를 끝까지 챙긴 다윈과 그런 다윈을 일평생 존경했던 월리스의 특별한 우정 때문이었는지도 모른다. '다윈의 달(月)'은 그래서 붙여진 월리스의 별명이다. 그렇지만 월리스가 다윈의 앵무새는 아니었다. 그는 인류만큼은 자연 선택보다 모종의 '영적인 힘'에 의해 진화했다고 주장해 자신의 태양을 잠깐 가리기도 했다. 그럼에도 불구하고 태양과 달은 사이좋게 운행하고 있었다.

미적분학에 대한 우선권을 놓고 으르렁대며 유럽을 떠들썩하게 했던 뉴턴과 라이프니츠의 추악한 관계와 비교하면, 월리스는 세상에서 가장 이타적인 과학자이며 다윈과 월리스는 참으로 아름다운 단짝이었다. 만일 월리스가 경쟁심에 불타는 왓슨과 같은 사람이었다면 과학의 역사는 과연 어떻게 됐을까?

장대익 서울 대학교 자유전공학부 교수

카이스트 기계공학과를 졸업하고 서울 대학교 대학원 과학사 및 과학 철학 협동 과정에서 박사 학위(생물 철학 전공)를 받고 미국 터프츠 대학교 인지 연구소 객원 연구원 및 서울 대학교 과학 문화 연구 센터 연구 교수를 지냈다. 저서로는 『다윈의 식탁』, 『다윈의 서재』, 『지식인 마을에 가다』, 『종교전쟁』, 번역서로 『통섭』(공역) 등이 있다.

과학은 즐거운 거야!?
한국에서 과학을 가르친다는 것

벌써 10여 년 전 일이다. 『판스워스 교수의 생물학 강의』라는 책을 번역했을 때이다. 가상의 등장인물 판스워스 교수가 이런 말을 하고 있다.

"나는 가르치는 일이 너무 좋다. 이렇게 재미있는 일을 하면서 돈을 벌 수 있으니 얼마나 행복한가."

그때 내 직업은 과학과 관련된 글을 쓰거나 번역하거나 기획하는 일이었는데, 고개가 끄덕여졌다. '그래, 나도 꽤 재미있는 일을 하면서 밥벌이를 하고 있으니 행복한걸.' 여러 분야에서 변변찮은 대우를 받으면서도 '나의 길을 가련다.'라며 버티는 사람들이 나오는 건 이런 행복감 때문일 것이다.

내가 특히 재미있어 한 일이 몇 가지 더 있다. 1970년대에 가내 부업으로 많이 하던 종이 봉투 만들기나 뜨개질처럼 머리를 하얗게 비우고 선(禪)의 경지에 들 수 있는 단순 노동, 노래 부르기, 그리고 판스워스 교수처럼 가르치는 일. 결국 그 뒤에 나는 교사가 되었다.

교사가 된 지 어느덧 6년 …… 나이만 많았지 교육 현장에서는 다른 새내기와 똑같았던 나는 그동안 새내기 교사들이 흔히 저지르는 잘못을 자주 저질렀다. 특히 첫해에 의욕이 앞선 탓에 아이들도 나도 힘들었던 것을 생각하면 참 부끄럽다.

이제는 내공이 쌓여 수업 중에 너무 많은 내용을 쏟아 내려 하지 않게 되었고, 실험이 끝난 뒤 실험실이 난장판이 되거나 실험 준비물이 하나씩 없어지는 일이 일어나지 않도록 통제할 수 있게 되었고, 미운 짓을 하는 아이에게 차분히 무슨 일 있느냐고 묻게 되었고, 매를 드는 일 없이 무서운 선생님 소리도 들을 수 있게 되었다. 또 아이를 심하게 때리거나 자녀 교육의 의무를 저버린 문제 학부모를 만나도, 아이를 위해서는 좋게 이야기하는 게 나을지 화를 내는 게 나을지 먼저 판단할 수 있을 정도가 되었다. 아직 부족하지만 많은 동료 교사들과 아이들, 그리고 시행착오 덕분에 정말 많이 배운 것이다.

그럼에도 불구하고 늘 고민은 있다. 수많은 문제를 안고 학교로 온 아이에게는 우리 사회의 문제가 그대로 투영되어 있다. 그냥 들어주고, 사랑해 주고, 대화를 나누는 것만으로 해결할 수 없는 문제들이다. 무력감을 느낄 때도 많다. 모든 학교에 상담 치료사가 상주해야 한다는 생각이 들 정도이다.

수업, 수업 준비, 실험 준비, 당장 해야 할 업무 처리, 아이들과의 상담 등에 파묻혀 지내다 보면 절로 이런 말이 나온다. "아무래도 음모가 있는 것 같아, 음모가!"

우리 교육의 미래에 대해서 차분하고 진지하게 생각하고 다른 교육 주체들과 함께 의논할 여유를 빼앗겨 버렸다는 생각이 들기 때문이다. 말머리가 너무 길어졌다.

학교에서 과학을 가르친다는 것은 초등·중등·고등 수준에 따라

(아마 지역에 따라서도) 전혀 다른 일이 될 것이다. 초등학교 아이들은 학교에서 실험을 하는 것만으로도 즐거워한다. 부담이 없기 때문이다. 재미있는 놀이로 여긴다. 실험실, 실험 보조 인력만 제대로 갖추어진다면 아이들과 함께 늘 신기하고 재미있는 과학 시간을 만들 수도 있다.

고등학교의 과학 교육은 또 다르다. 많은 새로운 시도가 이루어지고 있다고는 하나, 교사와 학생 모두 기본적으로 우리 교육의 가장 큰 난제인 입시에 발목이 잡혀 있는 것이 현실이다. 어느 강심장인들 부담스럽지 않으랴.

나는 중학교에서 과학을 가르친다. 중학교에서 과학을 가르친다는 것은 또 다른 일이다. 많은 아이들이 중학생이 되면서 과학이 갑자기 어려워졌다고 한다. 그러면서도 참고서에서 흔히 다루는 객관식 문제는 (비비 꼬인 것조차) 비교적 잘 풀어낸다. 하지만 교과서에서 다루는 가장 기본적인 개념을 묻는 주관식 문제가 주어지면 너무 어렵다고 한다. 반대가 정상 아닌가?

처음에는 이해할 수 없었다. 힘들게 알아낸 원인은 아이들이 너무 피곤하다는 거였다. 전부는 아니지만 많은 아이들이 사교육을 통해 교과서 내용을 미리 공부하고 학교에 온다. 그런데 그 미리 한 공부라는 게 그렇다. 어떤 개념에 대해 흥미를 갖고 실험을 하고 고민하다가 깨달음을 얻은 게 아니다. 무작정 주어진 단편적인 지식을 요약해서 외운 다음 수많은 문제를 푸는 식이다.

그래서 많은 아이들이 생각해 보지도 않고 다 배운 거라고, 다 알고 있다고 생각한다. 모든 실험은 탐구가 아니라 미리 알고 있는 걸 확인하는 실험인 셈이다. 경이가 없다. 수업이 정말 따분하다.

그런데, 아니 그래서 상당수 아이들이 가장 기본적인 질문에는 답을 하지 못한다. 아예 생각조차 하지 않으려 한다. 참 피곤한 삶이다. 물론 아이들마다 다르다. 눈을 반짝이며 고개를 끄덕여 가며 수업에 참여하는 아이들도 있다. 함께 좋은 수업이라는 작품을 만드는 아이들이다. 교사로서 내가 해야 할 가장 중요한 일은 이런 아이들이 많아지도록 하는 것이다. 준비를 많이 하고 생각할 거리를 많이 던지는 수밖에 없다.

내가 학교 다니던 때와 비교하면 여건은 많이 좋아졌다. 교과서는 탐구 활동 위주로 수업을 하게 되어 있다. 내가 근무하는 서울 공립 중학교의 경우 실험실, 실험 보조 인력, 실험 실습 예산이 완벽하다고까지는 못 해도 잘 구비되어 있다. 그래서 교과서에 나오는 실험은 거의 모두 하고 있으며, 다른 실험을 계획해서 하기도 한다.

몇 해 전에는 이런 일도 있었다. 교과 과정이 세 시간 동안은 계속 실험실에서 실험 수업을 해야 하는 내용이어서 일주일 동안 계속 실험실 수업을 했더니, 얌전하고 수업 태도도 좋은 1학년 여학생이 다가와 이렇게 묻는 거였다.

"선생님, 왜 공부는 안 하고 실험만 해요?"

하하하 웃고 대답했다.

"어, 이상하다. 내가 학기 초에 이야기 안 했나? 과학은 실험 같은 탐구 과정을 통해 공부하는 건데 …… 우리, 공부한 거야."

내가 만일 문제집들을 복사해서 나눠 주고 풀라고 한 다음 답을 불러 줬다면 그 아이는 정말 많이 공부했다고 느꼈을지도 모른다. 일방적인 설명을 듣거나 문제를 푸는 게 아닌 건 공부가 아니라고 생각하는 아이들이 꽤 많다는 이야기다. 그 여학생은 내가 자신의 질문을 듣고 잠시 지은 황당하다는 표정을 알아보았을까?

중학교 과학 시간이 아이들에게 주어야 할 가장 중요한 것은 무엇일까? 처음에 난 시민으로서 갖추어야 할 과학적 합리성, 과학적 태도가 가장 중요하다고 생각했다. 앞으로 더 깊은 공부를 하기 위해 필요한 기본 개념과 기초 지식 익히기도 마찬가지로 중요하다고 생각했다. 물론 모두 중요한 것들이다. 하지만 이제 나의 저울추는 다른 방향으로 많이 기울어 있다. 가장 중요한 것은 과학 시간을 통해 과학이 즐거운 것임을 깨닫도록 해 주는 일이다.

과학이 서사적인 학습 게임이라면, 그 게임은 즐거워야 한다. 난 아이들과 즐거움을 나누고 싶다. 즐겁다면, 좋아한다면, 부족한 부분을 스스로 채우고 싶을 테니까. 그래서 아이들이 조금만 덜 피곤해서, 즐거움을 함께 나눌 준비가 되어 있으면 좋겠다는 게 가장 큰 소망이 되었다.

하지만 난 아직도 갈팡질팡한다. 그리고 내 수업은 잠깐 재미있다가 오래 재미없다가 더 오래 따분하다가 할지도 모른다. 난 매시간 '그래도 이 정도는 꼭 알려줘야지!' 하는 강박관념에 시달린다. 참 피곤한 모범생 콤플렉스다.

내가 중학교 과학 시간에 아이들과 꼭 함께 나누고 싶은 다른 하나는 자연과 친구 되기다. 이것도 참 쉬운 일이 아니다. 한때 두 반씩 수업 시간을 묶어 생태 공원 같은 데 가기도 했지만 다른 수업 시간에도 손을 대야 하고, 그 많은 아이들을 혼자 데리고 움직인다는 게 보통 일이 아니어서 한 해 해 보고 손을 들고 말았다.

지난달에는 아이들과 식물 도감을 보고 교정에 있는 식물 이름 알아내기 수업을 했다. 그리고 그 결과를 '나만의 식물 도감'으로 만들도록 하는 수행 평가 과제를 냈다. 우선 교정 지도를 그리도록 하고, 식물 열 가지를 정해서 지도에 표시하도록 했다. 그리고 한 가지 식물에 한 장씩 모두 열 장의 식물 도감을 완성하도록 했다. 우리 학교에 교정 가꾸기에 열심인 선생님들이 계셔서 가능한 일이었다.

그 결과 정말 많은 아이들이 멋진 작품을 완성했다. 당장 책으로 만들어도 될 것 같은 아름다운 작품도 있었다. 비록 밀을 보리라 하고, 꽃잔디를 앵초라 하고, 곰솔이나 섬잣나무를 소나무라 하고, 영산홍을 진달래라 하고, 심지어 메꽃을 나팔꽃이라 하고, 아직 꽃이 피지 않은 접시꽃의 잎만 보고 호박이라고 한 아이들도 있지만, 많은 아이들이 도감을 보고 애써 식물 이름을 알아낸 것을 보고, 나무와 풀의 모습을 아름다운 그림으로 옮긴 것을 보고 정말 기뻤다.

아이들은 이삭을 이룬 밀꽃에서 튀어나온 수술을 보고 놀라기도 하고, 사철나무, 회양목, 감나무, 층층나무, 느티나무, 은행나무, 라일락, 대추나무, 모과나무, 곰솔, 섬잣나무, 단풍나무, 등나무, 향나무, 화초양귀비, 매발톱꽃, 팬지, 자란, 무늬둥굴레, 꽃잔디, 민들레, 씀바귀, 제비꽃, 옥잠화, 금낭화, 붓꽃을 보면서 우리 학교에 이렇게 많은 나무와 꽃들이 있었느냐며 놀라기도 했다. 이런 놀라움이 아이들이 자연과 친해지는 하나의 계기가 되기를 바랄 뿐이다.

내가 학교 다니던 때와 비교하면 학급당 인원이 정말 많이 줄었다. 한 교실에서 35~40명의 아이들이 공부를 하고 있으니 말이다. 그래도 교사 1인당 학생수는 아직 너무 많다. 선진국과 비교한 무슨 통계 수치를 들어서가 아니다. 정말 아이들과 함께하고 싶은 중요한 일에 엄두가 나지 않는 현실 때문이다.

작년에 난 아이들과 함께 새로운 시도를 했다. 학기 초부터 각자 정말 관심 있는 내용에 대해 1인 1주제를 정해서 꾸준히 탐구 활동을 하고 그 결과를 2학기에 순차적으로 학급에서 발표하기로 한 것이다. 그 과정을 공책 한 권에, 나만의 탐구 노트로 담기로 했다. 나는 탐구 주제 선정에서 과정에 이르기까지 중간 중간 노트들을 검토하고 코멘트를 하기로 했다.

아무래도 무리였다. 실험을 할 때마다 나오는 실험 보고서를 읽기에도 벅찼던 나는 탐구 노트를 몇 번 걷지도 못했으며, 탐구 노트를 내지 않은 아이들을 제대로 독려하지도 못했다. 스스로 해서 내는 아이들 것만 겨우 검토했을 뿐이다. 그러면서 처음에 세운 거창한 계획은 흐지부지되었다. 이제 와 생각해 보니 참 무모한 시도였다 싶다.

학급당 학생수가 많이 줄었다지만 내가 올해에 가르치는 아이들만 350명이 넘는다. (정말 무책임하게 많은 수이다.) 그래서 올해도 몇 달이 가도록 과학책을 읽고 글을 쓰게 하고, 평가해 주는 일은 과학의 달 행사할 때 자발적으로 참여한 아이들만을 대상으로 딱 한 번밖에 할 수 없었다. 가장 중요하다고 생각하는 일임에도 불구하고.

난 우리 은하의 변방에 위치한 태양계의 세 번째 행성, 그곳의 한 변방에서 아이들과 부대끼며 하루하루를 보낸다, 과학을 가르치면서. 천체의 운행은 흐트러짐이 없으며, 지구 차원의 자연 환경과 사회 환경에서 일어나는 일은 나를 압도하여, 때로는 내가 부스러기가 된 것처럼 느껴진다. 그래서 이런 질문을 던지기도 한다.

"어차피 죽을 건데, 왜 이렇게 열심히 살아야 하지?"

그래도 분명한 것은 내가 좋아하는 일을 하면서 살 수 있는 행운아라는 것, 그냥 무조건 사랑하면서 사는 게 가장 중요하다는 것, 그리고 나 같은 부스러기가 정말 많으며, 그 부스러기들이 모여서 이 우주에서 (지금까지는) 전례를 찾아볼 수 없는 놀라운 문명을 만들었다는 것이다. 그냥 그렇다는 것이다.

윤소영 중학교 과학 교사

서울 대학교 생물교육과를 졸업하고 10년 동안 《과학세대》 기획 위원으로서 과학 도서를 기획·집필·번역하는 일을 했다. 1999년부터는 중학교 교사로서 중학생들과 함께 과학 사랑의 희망을 일구며, 과학 도서를 집필·번역·감수하는 일을 통해 어린이와 청소년, 과학을 전공하지 않은 어른들이 과학을 좋아하고 과학자처럼 생각할 수 있도록 하는 데 작은 힘을 보태려 한다. 2005년 대한민국 과학문화상 도서 부문을 수상했으며, 과학 교과서 집필에도 참여했다. 저서로는 『종의 기원, 자연선택의 신비를 밝히다』, 『교실밖 생물여행』, 번역서로는 『누구의 알일까?』 등이 있다.

과학 교육 어떻게 해야 하나?

고등 과학 교육 현장의 고뇌

대학교에서 물리학을 가르치는 교수 생활을 한 지 벌써 24년째지만, 아직도 어떻게 가르치는 것이 가장 좋은 방법인지 확신이 서지 않는다. 사실 가르침과 배움이라는 것이 사람과 사람 사이의 소통 과정이어서, 석가모니가 대중에 따라 설법의 내용을 달리했듯이 과학을 가르칠 때도 학생의 태도와 수준에 따라 가르치는 방법도 달리하는 것이 맞을 것이다. 하지만 현대의 대중 교육 제도에서는 학생별로 개별 지도를 하는 것이 불가능하기에, 거의 모든 대학에서 대부분의 교수들이 통상적으로 50~100명 되는 학생을 강의실에 모아 놓고 일방적으로 강의하고 시험을 통해서 평가하는 방식을 답습하고 있는 실정이다. 또한 기초 과학 분야(수학, 물리학, 화학, 생명 과학, 지구 과학)에서는 대학교 학부 과정에서 습득해야 할 내용이 세계적으로 거의 표준화되어 있어서 심지어는 대학에서 사용하는 교과서도 세계 공통인 경우가 많다. '

우리나라의 중·고등학교 과학 교육은 대학 교육보다도 더욱 획일적이다. 교육부에서 각 학년에서 배워야 할 내용을 정해 놓고 지침에 따라 집필된 교과서로 공부하기 때문에, 전국 모든 학교에서 가르치는 내용이 거의 동일하다. 이러한 획일화 현상은 대학 수학 능력 시험이라는 표준화된 시험이 있어서 더욱 강화된다. 모든 학생과 부모들이 대학 입시에 전력을 기울이는 마당에, 아무리 흥미가 있더라도 대입 수능 시험에는 나오지 않을 내용을 가르치면서 학생들의 시간을 낭비할 '간 큰 교사'는 없을 것이기 때문이다. 또한 대학교에서는 그나마 실험 시간이 있어 소규모 그룹으로 토의하고 발표할 기회가 있지만, 대부분의 중·고등학교에서는 이러한 기회조차 갖기 어려운 현실이다.

이처럼 표준화된 교과 과정과 표준화된 시험은 학생들에게 꼭 필요한 지식을 주입하는 효과는 있다. 교육의 결과에 대한 최소한의 질 관리가 가능한 것이다. 사실 이러한 교육은 산업화 시대에 공장이나 산업 현장에서 일할 근로자를 양성하는 데는 매우 효율적인 시스템이다. 원래 국가가 관리하는 학교나 대중 교육 시스템이라는 것이 산업 혁명 이후 공장에서 필요한 일꾼을 길러 낼 목적에서 시작된 것이기 때문에 이러한 방향으로 발전한 것은 어쩌면 당연하다고 할 수 있다. 공장에서는 엄격한 규율에 따라 시간을 정확히 지키고(따라서 결석이나 지각은 용서할 수 없다.) 미리 정해진 매뉴얼이 지시하는 대로(따라서 매뉴얼을 이해할 수 있는 표준화된 지식이 필요하다.) 또박또박 일을 하면 되었기 때문에, 교육 과정 또한 획일화되고 표준화되었던 것이다.

사실 우리나라는 이러한 산업화 시대의 표준화된 교육 시스템을 세계적으로 유례없이 성공적으로 운영한 국가라고 할 수 있다. 학부모들의 치열한 교육열과 엄격한 대학 입시 제도 덕분에 학생들이 중·고등학교에서 가르치는 교과 내용을 습득하고 시험에 출제

된 문제의 해답을 찾는 능력은 뛰어나게 길러지고 있는 것이다. 물론 수학과 과학 교육도 예외는 아니다. 예를 들어 경제 협력 개발 기구(OECD)가 주관하는 만 15세 학생들의 학업 성취도 국제 비교 평가(PISA)를 보면 항상 세계 상위권을 차지하고 있다. 40개국이 참여한 지난 2003년 평가에서는 한국 학생들이 평균 점수에서 과학 영역에서는 4위, 수학 영역에서는 3위를 차지한 바 있다. 또한 국제 교육 성취도 평가 협회 주관으로 2003년 실시한 50여 개국 학생들의 수학·과학 성취도 국제 비교 연구(TIMSS)에서도 만 13세 학생(중학교 2학년)들의 수학 성적을 세계 2위, 과학 성취도를 세계 3위로 평가했다. 이러한 결과를 두고 교육부 담당자나 심지어는 대통령까지도 한국의 중·고등학교 교육은 세계적인 수준이라고 자랑하고, 다만 대학 교육이 세계 수준에 뒤떨어져서 회사들이 인재가 없다고 불평하는 것이 한국 교육의 문제점이라는 인식을 가지고 있다.

하지만 과연 우리나라 중·고등학교의 과학 교육이 잘 되고 있으니 부모들은 안심하고 있어도 될까? 그렇지 않다는 사실은 PISA의 결과에서도 여기저기 나타난다. 첫째 문제점은 최상위권 수준의 성취도를 보인 학생들의 비율이 한국의 경우 17퍼센트로서, 우리의 경쟁국인 대만(26퍼센트)이나 싱가포르(33퍼센트)보다 매우 적다는 점이다. 이는 평준화·표준화 교육을 지나치게 강조해 수월성·특성화 교육을 등한시한 영향이 아닌가 생각된다. 얼마 전 한국 학생을 여럿 지도한 미국 대학의 물리학과 교수하고 이야기하면서 한국 학생들의 문제점을 뼈저리게 느낀 바 있다. 교수는 한국에서 온 학생들을 이렇게 평가했다. "한국 학생들 우수합니다. 준비도 잘 되어 있고. 그런데 너무 똑같아요. 능력과 생각이 대동소이하고, 연구 성과도 대충 예측할 수 있을 정도입니다. 반면 미국 학생들은 각자 특성과 장기가 뚜렷하죠. 이 특성이 발휘되면 가끔 깜짝 놀랄 결과를 내곤 합니다." 결국 우리가 길러 내는 학생들이 마치 공산품처럼 균일한 품질이라는 이야기다. 품질의 균일함은 사람들이 거대한 조직의 부분품, 부품처럼 움직이던 산업화 시대에는 매우 유용한 특성이었을 것이나, 창의성과 문화가 중요한 지식 산업 시대에는 2류가 되는 첩경이다.

이에 못지않게 PISA 결과에서 드러난 또 하나의 심각한 문제점은 한국 학생들의 수학과 과학 학습에 대한 흥미, 동기, 자신감 등이 OECD 평균보다 형편없이 부족하다는 점이다. 예를 들어 과학 학습이 매우 즐겁다고 느끼는 학생의 비율이 싱가포르는 42퍼센트, 미국은 35퍼센트인 데 비해 한국은 9퍼센트에 불과하다. 또한 과학 공부가 가치 있다고 생각하느냐는 질문에 국제적인 평균으로는 상위권 학생의 57퍼센트가 그렇다고 대답한 데 비해 한국 학생은 19퍼센트만이 긍정적으로 답변했다. 과학 학습에 대한 자신감에서도 미국이나 호주의 상위권 학생들은 50퍼센트 내외가 자신감을 피력했는데, 한국 상위권 학생은 20퍼센트만이 자신 있다고 대답했다. 한국 학생들이 훨씬 높은 점수를 받았는데도 자신감은 훨씬 떨어지는 것이다. 이처럼 한국 학생들은 일반적으로 '즐거워서' 수학과 과학 공부를 하기보다는 '할 수 없이' 하는 것처럼 보인다.

이것은 아마도 중고교 학생들이 대학 입시와 사교육의 중압감에 시달리는 것이 큰 원인일 것이다. 무릇 창조적인 탐구란 본인이 가진 의문을 스스로 해소해 가는 과정이 중요한데, 오로지 정답을 이해하고 외우는 것이 교육의 목적처럼 되어 있으니 창조적인 탐구 능력 개발은 뒷전으로 밀리는 것이다. 이처럼 맹목적으로 정답을 찾는 교육 때문에 과학 과목이 호기심을 좇아가는 과정이 되지 못하고 어려운 공식과 잡다한 사실을 암기하는 과정에 불과하게 되어 재미없고 어려운 과목이 되어 버리고 있다. 사실 자연이란 놀라움으로 가득 찬 호기심의 보고인데, 그 호기심을 스스로 찾아가지 못하게 하고 미리 해답을 알려 주니 마치 결말이 뻔한 추리 소설을 읽는 것처럼 지루해지는 것이 아닌가.

사실 본인을 비롯한 많은 과학자들이 직접 현장에서 느끼는 바에 따르면 취학 전이거나 초등학교에 재학 중인 우리나라 학생들의 과학에 대한 호기심이나 흥미는 대단하다. 하지만 이러한 '선천적인' 흥미는 학교 교육을 받으면서 북돋아지고 계발(啓發)되는 것이 아니라 오히려 파괴되고 말살되고 있는 듯이 보인다. 학년이 올라갈수록 학생들의 과학적인 상상력과 호기심이 소중히 키워지는 것이 아니라 싹이 잘리고 대신 그 자리에 책 속의 죽은 지식이 주입되고 있는 것이다. 2002년도 노벨 물리학상 수상자인 일본의 고시바 마사토시 교수는 대학 때 성적이 꼴찌였음을 숨기지 않으면서 "일본 교육 제도는 학생들을 압살하고 있다."라고 강력히 비판한 바 있는데, 한국은 일본보다 오히려 한술 더 뜨지 않는가 걱정될 정도다.

그러면 어떻게 하는 것이 옳은 길일까? 세계적인 물리학자였던 리처드 파인만은 어린 시절 아버지와 함께 산책하면서 눈에 띄는 자연 현상에 대해 질문하고 토론한 것이 후에 과학을 공부하는 데 가장 중요한 자산이 되었다고 토로한 바 있다. 이처럼 과학 교육에 가장 효율적인 방법은 학생들의 호기심을 자극하고 나름대로 그 호기심을 따라서 탐구하도록 도와주는 것이라고 생각한다. 특히 창의력이 요체가 되는 장래의 지식 기반 사회에서는 주어진 문제의 해답을 구하는 '문제 해결 능력'보다도 문제 자체를 찾아내어 풀 수 있는 형태로 정리(formulate)하는 능력이 중요해지므로, 과학 교육에서도 이러한 능력을 길러 주도록 노력해야 할 것이다. 사실 뉴턴의 가장 위대한 업적은 역학 방정식이나 만유인력 법칙을 발견한 자체보다도 자연의 오묘한 진리를 인간의 이성과 논리로 이해할 수 있음을 보여 준 일이라고 한다. 이처럼 남이 생각지도 못했던 문제를 찾아내어 그 해답을 구하는 일이야말로 진정한 창의력이라고 할 수 있다.

필자는 지난 7월 초에 경원 대학교에서 개최된 제20회 국제 청소년 물리 토너먼트(IYPT)의 조직 위원장을 맡아 대회를 진행하면서, 이 대회의 방식이 물리학, 더 크게는 과학을 교육하는 가장 이상적인 방법이라는 생각이 들었다. IYPT는 20세 미만의 청소년 5명이 한 팀을 구성하여, 1년 전에 제시된 문제에 대해 같이 연구한 결과를 발표하고 다른 팀과 서로 토론하는 독특한 형식의 대회다. 한 라운드에서 세 팀이 각각 발표, 반론, 논평의 역할을 맡아 주어진 문제에 대해 토론하면, 심사 위원들이 점수를 주어 우열을 가리는 토너먼트 형식을 취한다. IYPT 대회에서 제시된 문제들은 딱히 정해진 답이 없는 소위 열린 문제다. 예를 들어 금년에 개최된 IYPT에서 토론된 문제들을 보면 "만일 부드러운 진흙 수렁에 빠지게 된다면 빠져나오려고 발버둥치지 말아야 한다는 이야기가 있다. 이 현상의 모형을 세우고 그 특성을 연구하라." "풍선이 부풀어 오를 때 풍선 표면의 광학적 특성이 어떻게 변하는지 측정하라." "물줄기 2개를 여러 각도에서 서로 충돌시킬 때 어떤 현상을 관찰할 수 있는가?" 등등이 있는데, 이 문제들은 정해진 답이 있는 것이 아니라서 우선 문제 자체를 정의하고 과학적으로 이해할 수 있는 카테고리로 정리하는 능력이 요구된다. 사실 과학이라는 것은 겉보기에는 전혀 관련이 없는 듯한 여러 복잡다단한 현상의 바탕에 깔려 있는 공통된 원리를 찾아내어 설명하는 것인데, 이러한 작업의 첫째 과정이 바로 문제 자체를 정의하고 과학적으로 이해할 수 있는 카테고리로 정리하는 능력인 것이다. IYPT의 문제들은 이러한 능력을 기르게 해 준다.

또한 5명이 한 팀을 이루어 같이 연구하고 실험 데이터를 정리한 후 그 결과를 발표하기 때문에 팀원 간의 협력과 의사 소통 능력이 함양되는 장점이 있다. 현대 과학 연구는 점점 대형화되어 가고 있어 연구 동료 간의 협력과 의사 소통 능력이 개인의 연구 능력 못지않게 중요해지고 있는데, 어릴 때부터 이러한 능력을 길러 주는 것은 장래에 과학자로서 활동하는 데 많은 도움이 될 것이다. 더불어 IYPT 대회에서는 상대 팀과 영어로 발표 및 반박, 토론을 하는데, 자신의 연구 결과를 다른 과학자들 앞에서 발표하고 서로 다른 의견을 가진 과학자끼리 토론하는 것은 과학자의 직업 생활에서 매우 중요한 부분이다. 특히 세계 과학계가 하나로 통합되는 글로벌 시대에 이러한 토론을 영어로 진행할 수 있는 능력은 반드시 갖춰야 할 능력이다. 이처럼 IYPT는 청소년들에게 제대로 된 과학 교육을 시키기 위한 여러 좋은 요소들을 가지고 있다.

다만, 필자가 매우 아쉽게 느낀 점이 한 가지 있는데, IYPT에 참가할 수 있는 여건을 갖춘 학교가 한국에는 몇 개 안 된다는 점이다. 일반 고등학교에서는 실험실과 실험 시설이 부실해 학생들이 필요한 실험을 할 수가 없고, 영재 고등학교나 과학 고등학교, 그리고 일부 자립형 사립 고등학교에 다니는 학생들만이 IYPT 참가 준비를 위한 실험과 연구를 할 수 있는 것이 현실이다. 독일 같은 나라에서는 지역별로 학생들이 과학 실험을 할 수 있는 시설이 마련되어 있어 공동으로 사용한다고 하는데, 우리나라도 한시바삐 이러한 시설이 갖추어지기를 바란다.

파인만은 1963년 그 유명한 『파인만의 물리학 강의』를 펴내면서 서문에서 다음과 같이 설파했다. "뭐니 뭐니 해도 가장 훌륭한 교육은 학생과 교사 사이의 개인적인 접촉, 즉 새로운 아이디어에 관해 함께 생각하고 토론하는 분위기를 조성하는 것이다. 이것이 선행되지 않으면 어떤 방법도 성공을 거두기 어렵다. 강의를 그저 듣거나 단순히 문제 풀이에 급급해서는 결코 많은 것을 배울 수 없는 것이다." 과학 교육에 대한 석학의 생각은 40여 년이 지난 후에도 빛을 발하는 듯하다.

오세정 서울 대학교 물리·천문학부 교수

서울 대학교 문리 대학 물리학과를 졸업하고 미국 스탠포드 대학교에서 물리학과 박사 학위를 받았다. 서울 대학교 자연과학대학 학장을 지내고 전국 자연과학대학장 협의회 회장을 맡고 있으며 대통령 자문 국가 교육 과학 기술 자문 회의 위원으로 활동 중이다. 1998년에는 한국 과학상을 수상하고 2003년 '닮고 싶고 되고 싶은 과학자'로 선정되었다.

엄마라는 이름의 굴레

한국의 여성 과학자는 무엇으로 사는가?

현재 나는 '한국의 여성 과학자들'을 연구 주제로 논문을 준비 중이다. 이를 위해 해방 전후 한국에 여성 과학자가 거의 전무했던 시기에 과학을 공부했던 이들부터 현재 과학 연구 현장에서 활동하고 있는 여성 과학자들을 만나 그들의 유년 시절, 과학자가 된 동기와 과정, 전문 연구자가 된 이후의 생활 등에 대한 이야기를 모으고 있다.

한국에서 여성 과학자들에 대한 연구가 본격적으로 시작된 것이 오래되지 않았을 뿐만 아니라, 수도 남성 과학자들에 비해 적기 때문에 이에 관한 분석이 그리 많지는 않다. 비단 학술 연구에서만이 아니다. 분야를 막론하고 '21세기'라는 말로 시작되는 논의에서는 그 뒤에 습관처럼 과학 기술을 언급하면서도 정작 과학 기술을 연구하는 사람들에 대해서는 상대적으로 관심이 적은 것이 현실이다. 더군다나 크게 눈에 띄지도 않는 여성 과학자라니 관심이 적은 것은 어찌 보면 지극히 자연스러운 현상이다.

한국 사회의 여성으로서 여성 과학자들에 대해 공부한 나 또한 불과 몇 년 전만 해도 그러했다. 1녀 2남의 장녀로 태어나 어린 시절

그래도 어디서 공부 못한다는 이야기는 듣지 않았던 터라 집에서건 학교에서건 귀여움을 받았고, 여중, 여고 거기에 여대까지 나왔으니 한 번도 내 이름 석자가 아닌 '여자'로 호명된 적이 없었다. 그러니 여성이라는 존재 자체에 대해서 관심을 가져 본 적 없었다. 솔직히 왜 그런 고민들을 해야 하는지 이해할 수 없었다. '여성'이라는 말이 들어간 논의들은 내 귀에는 모두 엄마의 잔소리처럼 들리기까지 했다.

그런데 대학원에 들어와 11년 만에 처음으로 남자들과 함께 공부하게 되면서 문화적 충격을 받았다. 우습게도 화장실이 문제의 발단이었다. 늘 절대 다수가 여자들인 공간에서 생활해서 과거 생활했던 모든 건물의 화장실은 여자 화장실이 대부분이었고 남자 화장실은 한 건물에 하나 있거나 아예 없기도 했는데, 여기는 여자 화장실이 상대적으로 적고 작은 것이 아닌가? 그때 지금까지 내가 세상의 중심이 마치 여성이라고 생각하고 살았다는 것을 알게 되었고, 좀 더 젠더 문제에 관심을 갖고 관련 논문들을 주의 깊게 보기 시작했다.

그러나 학문이라는 것이 그렇듯 과학과 젠더에 관한 논의 또한 그리 녹록하지 않았다. 과학의 사회 구성주의 논의와 페미니즘이 결합되면서 여성을 어떻게 정의할 것인가라는 문제, 기존의 과학 연구 활동을 남성적인 과학으로 규정하고 대안으로 제시된 여성적인 과학을 둘러싼 논쟁, 실제 현장에 있는 여성 과학자들의 지위와 위상에 대한 연구, 과학이 여성에게 갖는 의미 등 과학과 젠더에 관한 논의는 다양할 뿐만 아니라 매우 복잡했다. 그러다가 내가 접하고 있는 논의가 미국이나 영국 등의 몇몇 서구 학자들과 대체로 그들 나라의 이야기에 해당한다는 사실을 알게 되었다. 과학과 젠더에 관한 영어 논문들을 읽어 놓고 어처구니없게도 한국을 떠올리다니, '나'라는 인간은 참으로 아둔하다. 페미니스트 학자인 해러웨이의 『위치지어진 지식』이라는 말에 공감하면서 정작 한국에 살면서 외국의 논의를 세상 모든 과학과 젠더인 양 확대 해석하다니.

무엇보다도 내가 얼마나 한국의 젠더와 과학에 관한 논의를 알고 있는지 파악해야 했다. 그래서 '나는 얼마나 한국의 여성 과학자를 알고 있고 있는가?'라는 질문을 스스로에게 던져 보았다. '마리 퀴리는 대충 알겠는데, 한국 여성 과학자는 글쎄, 대학 때 강의 들었던 교수님 정도?'가 바로 내 대답이었다. 이런 질문들을 던지고 있었을 때쯤, 마침 한국의 과학자 사회에 관한 프로젝트에 참여하게 되면서 '한국의 여성 과학자'에 관한 국내 신문 기사들과 논문들을 찾아보았다. 2000년 이후에서야 여성 할당제나 여성 과학 기술인 육성법 등이 제정되면서 조금씩 관련 논의가 사회적인 주목을 받기 시작했을 뿐, 그 이전에는 기사화될 만큼 과학적 업적이 뛰어난 몇몇 여성 과학자들에 관한 이야기가 주를 이루고 있었다.

그렇다면 과거 한국에는 이렇게 뛰어난 과학적 업적을 낸 소수의 여성 과학자만이 존재하고 있었단 말인가? 아니면 상당히 많은 여성 과학자들이 남성 과학자와 함께 연구 활동을 해 왔지만, 우리가 그들의 존재를 인식하지 못하고 있었던 것일까? 이것도 아니라면, 그렇다면 다른 어떤 이유로 이들은 남성 지배적인 한국의 과학자 사회에서 '남성이 아닌' 과학자로서 '주변인'의 위상을 갖게 된 것일까? 너무도 많은 질문들이 한꺼번에 쏟아져 나왔다.

그 대답을 찾아내기 위해 먼저 여성 과학자 수가 적다라는 전제 하에 출발한 크리스티나 페리 로시가 40여 년 전에 던졌던 질문 '왜 과학 분야에는 여성들이 그렇게 적은가?'를 한국에 적용해 보기로

했다. 활자화된 논의가 적으니, 직접 여성 과학자들을 찾아가 그들의 입을 통해 문제의 근원에 찾아가 보는 수밖에 없었다. 이는 구술사 방법론이라고 해서 역사적으로 주목받지 못하고 주변부에 머물던 이들의 살아 있는 체험을 그들 자신의 목소리를 통해 듣고 이를 분석하는 것이다.

지금까지 적잖은 여성 과학자들을 만나 보았다. 연구를 위한 만남이었지만 다른 이들의 인생을 듣는 것은 마치 옛날이야기를 듣는 것처럼 흥미로워 시간 가는 줄 모르고 이야기에 빠져들었다. 사실 녹음기를 틀어 놓고 안면부지의 사람에게, 그것도 자신의 경험을 연구를 하겠다는 사람과 마주앉아 이야기를 하는 것은 어려운 일이다. 간략한 질문에 짧고 명쾌한 결론을 기술하는 과학적 글쓰기 방식에 익숙해 있는 이들에게 장시간 소소한 자신의 경험을 말한다는 게 다소 낯설었을 것이다. 그래서인지 여성 과학자들은 대부분 "어떻게 이야기하지요? 일단 질문을 해 주세요. 그러면 제가 거기에 답을 할게요." 내지는 "이건 그냥 내 개인적인 경험인데, 이게 도움이 될지 모르겠네."라는 말로 조심스럽게 말문을 열었다.

나이, 연구 주제, 활동 영역도 저마다 다른 여성 과학자들이 풀어낸 이들의 경험은 말 그대로 다양했다. 그런데 결혼을 한 여성 과학자들은 대체로 비슷한 경험을 공유하고 있었다. 그것은 결혼하기 이전과 달리 일단 결혼을 할 배우자가 정해지면, 그 이후 과학 연구 활동에서 중요한 전환기에는 늘 '남편', 특히 '아이'가 절대 변수로 영향을 미쳤다는 점이다. 인터뷰를 시작하기 전에도 결혼이라는 것이 연구에 영향을 끼치는 중요한 요인일 것이라는 점은 예상하고 있었지만, 그것이 말 그대로 '절대' 변수일 것이라고까지는 생각하지 못했다.

　결혼한 여성 과학자들의 경우 "어떻게 유학을 결정하게 되셨나요?"라는 질문에 "남편 때문에."라고 대답하는 이들이 많았고, 남편 때문에 연구 분야를 바꾼 이도 있었다. 노동 인력 시장에 관한 논의에서는 이를 두고 여성들은 전체적으로 결혼과 아이를 돌봐야 하는 시기에 직장을 그만두는 비율이 높아 'M자형(M-shape)' 곡선을 나타낸다고는 했지만, 박사 학위를 받은 이른바 '전문 연구 인력'인 여성 과학자들의 경우에도 이와 유사하다는 것을 인터뷰를 통해 알게 되었을 때는 무척 놀라웠다.

　특히 육아와 관련된 이야기를 할 때는 많은 여성 과학자들이 "아이에게 미안하다."라는 자조적인 말들을 반복했다. 자신이 조금만 연구 활동을 줄이고 아이에게 관심을 기울였다면 아이가 조금 덜 힘들게 생활을 할 수 있었을 텐데 그렇지 못했다는 것이다. 아이가 학교 생활 등에 적응을 잘하지 못하고 있는 경우 이런 태도는 더욱 강했고, 현재 심각하게 지금의 직장을 그만둘 생각을 하고 있다는 이도 있었다. 요즘은 가사와 육아도 부부가 공동으로 담당해야 한다는 생각이 사회적인 공감을 얻고 있지만, 만약 똑같은 질문을 남성 과학자들에게 물었을 때 과연 여성 과학자들과 같은 태도를 보였을까?

　공적 영역과 사적 영역을 엄격하게 구분하기는 사실 힘들지만 이를 연구 활동과 가정이라고 나누어 보았을 때, 여성에게 육아는 두 영역 모두를 넘나들며 절대적인 영향을 미치고 있었다. 한 여성 과학자는 자기가 알고 있는 어느 여성 과학자 이야기를 들려주면서 아이가 있기 전에는 정말 왕성한 연구 실적을 보였는데 아이를 낳고 키우면서 현재는 어디서 뭘 하고 있는지 잘 모르겠다고 했다.

더욱이 육아에서만큼은 세계 어디에도 뒤지지 않는 한국 엄마들의 모성애는 직업의 특성상 많은 시간을 실험실에서 보내야 하는 여성 과학자들을 너무도 부족하고 못난 엄마로 만든다. 그래서 여성 과학자들은 자책감을 느끼고 양육과 연구 활동 중에서 양자택일을 해야 하는 선택의 기로에 서기도 한다. 육아와 관련된 이야기를 나눌 때 많은 여성 과학자들이 한국의 학교 교육 이야기를 꺼냈다. 현재 한국의 교육 시스템이 너무 잘못되어 있다는 것이다. 때 되면 학교에 찾아가야 하고 학원에도 열심히 쫓아다녀야 하는 게 현실인데, 실험실에 묶여 있는 자신들은 직업의 특성상 도저히 그렇게 할 수 없다는 것이다. 그렇다면 "연구에 아이까지 맡는 게 육체적으로도 정신적으로 힘들었을 텐데, 혹시 아이 때문에 자신의 직업을 포기하고 싶을 때가 있었냐?"라고 물었더니, 아이가 있는 거의 대부분의 여성 과학자들이 "그렇다."라고 대답했다. 그렇지만 과학자의 길을 포기하지 않은 것은 그럴 경우 되돌아올 자리가 없기 때문이라고 했다. 하루하루 급속하게 발전하는 과학 분야에서 몇 년을 쉬는 것은 거의 치명적이라는 것이다.

양육 문제는 직접적으로는 연구 활동을 포기하는 경우에만 해당되는 사안이 아니다. 연구 활동을 지속하는 여성 과학자들도 비록 연구를 그만두는 극단의 방법을 선택하지는 않았지만, 양육 문제로 인해 직·간접적인 영향을 받는다. 연구 활동은 연구 주제 선택, 연구 계획서 작성, 공동 연구자 찾기, 연구비 획득, 실험, 평가 등 복잡한 과정을 통해서 이뤄지고 이 과정에서 인적, 물적 네트워크를 잘 형성하는 것이 중요한데, 아이를 키우는 여성 과학자들은 상대적으로 이런 네트워크에 참여하기 어렵기 때문이다. 그 네트워크가 남성 중심적인 조직 문화 속에서 이뤄진다면 더욱 그렇다. 흔히 저녁 식사 이후 밤늦게까지 이어지는 뒤풀이나 남성들만 모여서 즐기는 몇몇 스포츠 경기를 통해 네트워크가 형성되는 경우가 적지 않기 때문이다.

'올드 보이 네트워크(old boy network)'라고 하는 이런 비공식적인 네트워크의 옳고 그름을 따지기 전에, 인터뷰에 참여했던 상당수 여성 과학자들은 네트워크의 한 구성원이 되는 것이 실제 연구 활동에 도움을 준다는 것을 알고 있기에 가능하다면 이런 자리에 얼굴을 비치려고 한다고 말했다. 그러나 문제는 시간이다. 시간에 맞춰 유치원에서 아이를 데려와야 하고, 저녁을 먹여야 하고, 아이가 아프기라도 하면 더욱 귀가를 서두를 수밖에 없다. 정해진 연구 일과가 끝나는 순간 여성 과학자들은 과학자에서 한 아이의 엄마로 또 다른 일과를 시작해야 한다. 한 여성 과학자는 한창 아이를 키우느라 바쁘던 시절에는 공식적인 연구실 업무가 끝나자마자 부랴부랴 아이를 데리러 가야 했기 때문 자신을 주변에서 '땡순이'라고 불렀다는 말을 전하기도 했다. 그때부터는 말 그대로 엄마로서 시간과의 싸움에 돌입해야 하는 것이다. 아이가 학교라도 다니면 그나마 낫다. 한창 손이 많이 가는 어린아이가 있기라도 하면 잠자는 시간마저 쪼개야 한다. 그러나 남성 과학자들은 아내가 있는 한 역할 전환에서 어느 정도 자유로울 수 있다. 상황이 이렇다 보니, 연구실 밖에서 이뤄지는 모임 참여가 중요하다는 것을 알면서도 시간에 맞춰 걸음을 집으로 돌려야 하고, 이런 상황이 반복될수록 점점 더 네트워크 중심부에서 주변부로 밀려나게 되는 것이다.

이렇듯 여성 과학자들은 남성과 대등하게 학위를 따고 전문 과학 연구자로서 지위를 갖게 되더라도, 일단 결혼을 하고 아이가 생기면 그때부터 한 남자의 아내로서 그리고 한 아이의 엄마로서 역할을 해야 하기에 과학자로서의 경력을 쌓는 과정은 더디고 뒤처지기 쉽다. 엄마가 되기 이전에 어느 영역에서 얼마만큼 경력을 쌓았는가는 중요치 않다. 아이가 생기면 그때부터는 모두가 '엄마'라는 이름으로 살아가야 한다. 여성 과학자가 중요한 역할을 할 잠재력을 가진 이들이기에 이들을 적극적으로 과학 연구에 참여시켜야 한다는 말은 하지 않겠다. 그런데 정말 우리는 언제까지 여성 과학자들이 '엄마'라는 이름표를 달고 실험실 밖으로 사라져 가는 것을 바라보아야만 할까?

조아라 고려 대학교 과학기술학연구소 연구 교수

이화 여자 대학교 화학과를 거쳐, 고려 대학교 과학기술학 협동과정에서
과학기술사회학으로 석사, 박사를 졸업했다. 현재 고려 대학교 과학기술학연구소 연구
교수로 있으면서, 대학에서 과학기술학 관련 강의와 연구 프로젝트를 수행 중에 있다.
저서로는 『시민의 과학』(공저), 번역서로는 『바다가 죽은 날』(공역) 등이 있다.

스트링 코스모스
시간과 공간의 비밀에 도전한다

어린 시절을 되돌아보면, 분명 우리 마음속에는 주위의 공간에 대한 호기심과 흐르는 시간에 대한 궁금증이 가득했다. 우주의 끝이 있을까 하는 의문도 들곤 했다. 광대한 우주에서 가장 중요한 것은 우주 속의 모든 것을 담고 있는 공간, 그리고 그 속에서 변화가 있을 수 있게 하는 시간이다. 가장 존경하는 우리나라 사람을 하나 들라고 하면 나는 서슴없이 정약용을 든다. 그는 송나라 학자인 육상산(陸象山)의 "우주 간의 일은 나의 일이고 나의 일은 곧 우주 간의 일이다."라는 말을 인용하면서 "대장부라면 매일 이런 생각을 해야만 한다." (陸子靜曰 "宇宙間事, 是己分內事, 己分內事, 是宇宙間事" 大丈夫不可一日無此商量)라고 말했다.

시간과 공간에 얽힌 비밀을 풀 열쇠를 쥐고 있는 것이 블랙홀이다. 시간과 공간이 물질로 인해 휘게 된다는 것은 아인슈타인의 중력 이론인 일반 상대성 이론의 핵심이다. 휜 시공간의 영향을 받아 물질의 운동이 결정된다. 모든 것을 빨아들이는 블랙홀은 일반 상대성 이론에서 자연스레 나타나는데 이것의 성질은 우리의 상식을 뛰어넘는 것이다. 블랙홀 주위에서는 시간과 공간의 역할이 뒤바뀌어, 마치 시간이 미래로 흐르는 것을 막을 수 없는 것처럼 공간적으로 블랙홀 중심으로 빨려 들어가는 것을 막을 수 없게 된다. 1970년대에 제이콥 베켄슈타인은 블랙홀의 크기가 엔트로피처럼 일방적으로 커지기만 한다는 사실을 통해 블랙홀도 엔트로피를 가진다는 놀라운 주장을 했다. 엔트로피란 무질서도를 나타내는데, 이러한 무질서도에 대응하는 어떤 물리적 자유도가 블랙홀에 있어야 하는 반면 블랙홀은 그러한 자유도가 다 빨려 들어간 상태라 여긴 것이다. 스티븐 호킹이 블랙홀이 유한한 온도를 가지고 복사체처럼 물질을 방출할 수 있다는 것을 발견한 후에 블랙홀이 열역학적인 성질을 띤다는 확신이 더 생겼다. 이처럼 블랙홀이 가진 엔트로피의 근원에 대해서 한동안 전혀 알 수가 없었으나, 1995년 끈 이론을 이용해서 첫 실마리를 풀게 되었다.

끈 이론은 우주의 궁극 이론, 즉 최종 이론일지도 모르는 이론이다. 모든 물리 현상을 지배하는 가장 기본적인 것을 설명하는 이론일지 모른다는 말이다. 20세기가 과학의 세기로 자리 잡는 데 가장 결정적인 역할을 한 것은 물리학이 이룩한 두 가지 발전, 즉 양자 역학 이론과 상대성 이론이다. 양자 역학 이론은 미시 세계에 적용되는 물리 법칙이다. 이를 떠나서는 원자력, 반도체, 레이저 등을 설명할 수 없다. 뉴턴의 역학 이론이 원자의 세계에서는 전혀 손을 쓸 수 없게 된다. 수천 년 동안 누적된 인간의 상식과 수백 년 동안 쌓인 물리학의 모든 지식을 무너뜨린 것이 양자 역학이다. 그런데 이 양자 역학 이론은 중력이 있는 물리계에서는 심각한 모순에 빠지게 된다. 물리 법칙 두 가지가 서로 모순이라는 것은 이 두 가지를 아우르는 더 큰 이론적 체계가 반드시 있어야 한다는 것을 강력하게 시사한다. 이러한 무모순의 양자 중력 이론 체계로서 끈 이론이 등장한다.

끈 이론은 매우 간단한 가정에서 시작한다. 바로 자연의 근본 물질이 1차원적인 끈으로 이루어져 있다는 것이다. 끈들의 진동으로 자연계의 모든 것을 설명하는 끈 이론에서는 10억분의 1센티미터 정도의 매우 작은 끈들로 만물이 이루어져 있다고 한다. 1미터를 137억 광년의 우주 크기 정도로 확대해야 끈의 크기가 대략 1센티미터 정도가 되는 것이다. 원자 하나를 우리 은하만큼 크게 만들었을 때 끈은 1센티미터 정도밖에 되지 않는다. 그러나 유한한 크기를 가지고 있다는 것은 자연의 기본 단위가 무한히 작은 크기의 점으로 이루어져 있다는 것과는 엄청나게 다른 물리학을 제공한다.

끈 이론 속에 중력 이론이 들어 있다는 것이 1975년경 처음 알려졌다. 그리고 1984년 양자론과 중력 이론을 아우르는 양자 중력 이론의 가능성이 있는 끈 이론 하나가 발견되었다. 결국 5개의 끈 이론이 알려지게 되었다. 끈 이론에서는 여분 차원, 즉 우리의 시공간에 4차원 외에도 작게 말려 있는 6개의 차원이 더 있으며, 특별한 여분의 차원을 잘 찾으면 입자 물리학의 모든 현상을 잘 설명하는 이론을 만들어 낼 수 있을 거라 기대했다. 사람들은 유일무이한 해답이 끈 이론 속에 들어 있을 것이라 생각했으며 끈 이론은 모든 것을 설명할 수 있는 '만물 이론'이라고 불렸다.

1995년 에드워드 위튼은 이처럼 서로 다른 끈 이론들이 더 큰 이론 체계인 M 이론이라는 것 속에서 서로 연관되어 있다는 것을 주장하면서 그 증거들을 제시했다. 그리고 쿰룬 바파와 앤드루 스트로민저는 끈 이론의 자유도가 특별한 블랙홀의 경우에는 그 엔트로피를 설명할 수 있다는 것을 보였다. 그리고 중력도 강한 경우에는 상대성 이론이 아닌 다른 형태로 기술해야 하고 마찬가지로 핵력 등도 강한 경우에는 상대성 이론으로 설명해야 한다는 대응 원리도 등장했다. 이를 통해 끈 이론은 복잡한 계산을 간단하게 하는 '도구'로서 유용성을 확보했다.

그럼 현재의 끈 이론은 어떤 위치에 있다고 할 수 있는지 살펴보자. 끈 이론은 현재 여러 양자 중력 이론 중 단연코 가장 성공적인 이론이다. 그리고 시공간의 근원에 대해 새로운 시각을 주었고, 물리학의 기본 힘들을 통합할 가능성을 제시하고 있다. 그러나 한계도 있다. 끈 이론을 실험적으로 검증하는 문제이다. 끈 이론적 현상들은 우주 초기의 뜨거운 상태, 또는 블랙홀 주위 등에서 가장 잘 나타나는데, 지구상에 이러한 상태를 재현하는 일은 어려운 것을 뛰어넘어 불가능해 보인다. 그리고 이론적으로도 매우 특수한 대칭성인 초대칭성을 가지고 있는데 이 대칭성이 자연에서는 깨져 있다.

즉 끈 이론은 이론적 완성도가 매우 높은 반면, 물리학 이론으로서 반드시 거쳐야 하는 실험적 검증이 어려워 보인다는 것이다. 올해 후반기에 인류 역사상 가장 큰 실험을 할 대형 강입자 충돌기(LHC)가 스위스 제네바 근교에서 가동되기 시작한다. 공사비만 약 8조 원이 든 이 장치에서는 지구상에서 가장 높은 에너지를 한군데 모을 수 있는 장치이다. 이 장치에서 가장 태초에 가까운 상태를 만들게 된다. 양성자 하나에 시내 버스 한 대의 운동 에너지를 모은 정도가 된다. 이러면 양성자는 빛의 속도의 99.999999퍼센트로 운동하고 양성자 정지 질량 에너지 1만 4000배의 운동 에너지를 갖는다. 이러한 양성자 속의 쿼크는 대폭발 직후의 상태로 서로 충돌하게 된다.

LHC가 목표로 하는 바는 입자 물리학의 표준 모형을 넘어선 물리학을 하려는 것이다. 20명의 노벨상 수상자를 배출하면서 완성된 표준 모형은 현재까지의 입자 물리학 현상 대부분을 성공적으로 설명하고 있다. 그러나 여러 가지 이유로 표준 모형이 최종 이론이될 수는 없다. 따라서 LHC가 필요한 것이다. 그런데 금상첨화로 이LHC로 끈 이론이 제시하는 새로운 우주의 모습을 일부 검증할 수있을지도 모른다.

벌써 수년 전부터 이 장치를 통해 여분 차원의 증거를 찾아내는 방법과 이 장치에서 블랙홀이 만들어진다면 어떻게 이를 알아낼 수있는지에 대한 논의가 심도 있게 진행되고 있다. 희망적으로 본다면 앞으로 몇 년 뒤 저녁 9시 뉴스의 첫머리에 "드디어 공간의 다른 차원을 발견하다."라는 뉴스가 보도될지도 모른다. 그런데 여분 차원을 들여다보는 가장 중요한 도구가 미니 블랙홀이다.

블랙홀이라 하면 모든 것을 빨아들이는 물체로 알려져 있다. 우주선도 빨아들이고 주위의 별도 빨아들이는 우주의 '무법자'로 여긴다. 일부 물리학자들은 이러한 블랙홀을 입자 가속기에서 만들 수 있을지도 모른다고 생각하고 있다. 블랙홀은 태양 질량보다 3~4배 질량이 큰 별이 최후를 맞이할 때 만들어진다. 그런데 이러한 천문학적 질량의 블랙홀보다 아주 작은 질량을 갖는 블랙홀도 있을 수는 있다. 이러한 블랙홀들은 우주 초기에 시공간의 요동이 매우 클 당시에 만들어질 수 있었다고 생각한다. 이러한 블랙홀을 미니 블랙홀이라 부른다. 입자 가속기로 천체 물리학적 블랙홀을 만들려면 약 1000광년 지름의 입자 가속기가 필요하다. 따라서 블랙홀을 입자 가속기에서 만든다든지 하는 것은 불가능하다고 여겨져 왔었다. 그러나 최근에 만약 여분 차원이 6개가 있고, 여분 차원이 아주 작다면 테라전자볼트(TeV) 단위의 질량을 갖는 블랙홀을 만들 수 있음을 알게 되었다. 테라전자볼트의 에너지를 만들 수 있는 LHC에서도 블랙홀을 만들 수 있다는 이야기가 된다.

미니 블랙홀은 천체 물리학적인 블랙홀에 비해 그 물리학적 성질을 더 연구하기 좋다. 후자에서는 우주 탄생의 비밀을 푸는 열쇠인 양자 중력적인 효과를 볼 수 없다. 미니 블랙홀은 수명이 몇 초 되지 않기 때문에 생성되지마자 입자 검출기 내에서 호킹 복사를 방출하고 소멸할 것이다. 이러한 블랙홀이 1초에 하나씩 만들어질 수 있다는 계산도 있다. 그럴 경우 만약 호킹의 이론이 틀려서 블랙홀이 복사로 소멸되지 않고 그대로 있게 되면 심각한 문제가 생긴다고 생각할 수 있다. 블랙홀이 소멸하지 않고 지구마저 다 빨아들인다면 정말 큰일이다.

블랙홀이 LHC에서 만들어질 수 있다면 이미 지구 대기권에서도 고에너지 우주선(cosmic ray)이 공기 중의 양성자와 부딪혀 블랙홀을 만들 수 있다. 지구에 도달하는 우주선 중에는 입자 가속기에서는 도저히 만들 수 없는 높은 에너지를 가진 것도 있다. 그렇다면 어림짐작으로 연간 수십 개의 블랙홀이 이미 대기 중에 만들어지고 있을 수도 있는데, 미니 블랙홀에 의한 지구 파멸이 지난 수십억 년간 없었다는 사실은 만약 블랙홀이 만들어지고 있다면 아주 짧은 시간에 증발해 버리고 있다는 뜻이다. 물론 블랙홀이 전혀 만들어지지 않을 수도 있고, 그런 경우에는 LHC에서의 블랙홀 생산은 불가능하다.

그럼 만들어진 미니 블랙홀의 존재는 어떻게 알 수 있는가를 보

자. 입자 가속기에서 생성된 미니 블랙홀에서는 호킹 복사 이론에 따라 입자들이 방출되어 나오는데 보통 입자 붕괴에서 나오는 입자들과 조금 다른 입자가 나온다. 우리는 여러 가지 계산을 통해 그 입자들이 어떤 성질을 갖을 예측할 수는 있다. 그러나 아직 전문가들마저도 확실한 블랙홀 검증을 위한 실험적 결과를 예측하고 있지는 못하다.

블랙홀이 만들어진다면 물리학에서는 지난 세기에 추구해 온 중요한 연구 방향 하나가 종말을 맞게 된다. 환원주의적인 물리학에서는 끊임없이 더 작은 길이에서의 물리학을 찾아 왔다. 그 결과 원자를 발견하고 원자핵을 발견했으며, 핵 속의 양성자와 중성자 같은 핵자들을 발견했다. 핵자 속에는 쿼크들이 들어 있으며 이러한 쿼크들과 전자와 중성미자 같은 렙톤들로 우리가 아는 모든 물질이 이루어져 있다는 것이 표준 모형인 것이다. 입자 가속기란 가시광선의 광자를 사용하는 광학 현미경처럼, 기본적으로는 더 작은 세계를 보기위한 장치이다. 그런데 어느 정도 이상의 에너지에서 블랙홀이 만들어지기 시작하면, 블랙홀의 내부를 들여다볼 수 없기 때문에 그 에너지에서 보는 구조가 가장 작은 구조가 되어 버린다. 즉 그 이하의 구조를 본다는 것이 무의미해진다는 것이다.

그러나 환원론이 종말을 고하는 대신에 완전히 새로운 연구 방향이 생겨나게 된다. 여분 차원 방향으로 탐험이 시작되는 것이다. 여분 차원이 어떤 모습인지 볼 수 있는 창구는 미니 블랙홀이 될 것이다. 이러한 이유 때문에 미니 블랙홀에 지대한 관심을 갖게 되는 것이다.

태초의 신비를 알아내려는 노력은 이제 이론적인 영역을 뛰어넘어 실험을 통해서도 이루어지기 직전이다. 그리고 이론과 실험의 협동을 통해 21세기 물리학을 풍미할 새로운 물리학 체계가 만들어질 날을 기대하는 게 너무 성급한 일은 아니라고 생각한다. 한국에서도 이제는 물리학의 가장 근본이 되는 분야에서 역사에 길이 남을 좋은 연구가 수행돼야 할 것이며, 이를 위해 국가도 지원을 아끼지 말아야 할 것이다.

남순건 경희 대학교 물리학과 교수

서울과 홍콩에서 청소년기를 보내고 서울 대학교 자연과학대학 물리학과를 졸업했다. 미국 예일 대학교에서 석사 및 박사 학위를 받은 후 버지니아 공과 대학, MIT, 서울 대학교에서 박사 후 연구원을 지냈으며 1992년부터 경희 대학교 이과 대학 물리학과 교수로 재직하고 있다. 물리학과장, 일반대학원장보를 역임했다. 현재 MIT 방문 교수로 있다. 저서로 『스트링 코스모스』가 있다.

책임지기 싫으면 몸 바쳐?
한 기생충학자의 과학 연구 윤리 단상

1. 20년 전, 대한민국

"지원자에게 감염을 시킨 후 28일째까지 경과를 관찰했다." 기생충학 학술지를 뒤적이다 흥미로운 논문을 발견했다. 장에 감염되는 디스토마의 한 종류인 호르텐스극구흡충을 지원자에게 먹여 증상과 경과를 알아보는 실험을 한 것이다. 쥐는 "가슴이 아프다." 같은 말을 할 수가 없는 탓에, 우리나라에서 처음 발견되는 기생충의 증상을 알기 위해 인체 실험의 유혹이 생기는 건 당연했다.

논문에 따르면 디스토마의 감염원인 미꾸라지를 잡아 유충을 고른 뒤 지원자 2명에게 먹였단다. 42세 남성은 27마리를, 그보다 젊은 34세 남성은 달랑 7마리만 먹었는데, 당연하게도 증상은 많이 먹은 사람에게서 심했다. 감염 일주일 후부터 배가 아프더니 나중에는 위궤양 비슷하게 명치 쪽이 아팠고, 나중에는 설사에 불면증까지 생겼다고 했다. 28일째 약을 먹어 치료하기까지 얼마나 고생이 많았을지 상상이 간다. 7마리를 먹은 다른 1명은 가슴께만 좀 아프다 말았고, 설사는 하지도 않았다. 나중에 안 사실이지만 그 7마리 중 장에

249

서 살아남은 건 단 1마리에 불과했다.

기생충학계가 워낙 좁은 곳인지라 그 둘이 누구인지 난 금방 알 수 있었다. 한 사람은 교수였고 나이가 든 다른 한 사람은 교실에서 기사로 일하는 분이었다. 젊은 쪽이 왜 적은 수의 벌레를 먹었는지 이해되는 대목이다. 난 그 기사 분을 안다. 빼빼 마르고 본래 나이보다 더 들어 보이는 분, 지금 그분의 이마에 새겨진 주름살 중 몇 개는 당시 임상 실험에서 비롯된 게 아닐까? "지원자(volunteer)"라고 적혀 있지만, 그는 정말 자신이 원해서 실험에 참여한 것일까? 아무튼 이 사건은 1985년에 벌어진 일이었고, 연구 여건이 좋지 않았던 그때는 이렇듯 몸을 바쳐서라도 연구를 해야 했을 것이다.

시간이 조금 더 흐른 1990년, S 대학 기생충학과의 연구원들이 비장한 표정으로 한자리에 모였다. 갈고리촌충의 유충인 유구낭미충을 먹기 위해서. 갈고리촌충은 사람과 돼지를 오가며 생활하는 기생충으로, 돼지에게 사람 똥을 먹여 키우는 제주도에서 유행했다. 사람 몸 안에 있는 갈고리촌충이 알을 낳으면 그게 사람 똥에 섞여 돼지우리로 배출되고, 돼지가 그 똥을 먹으면 속에 있던 알이 부화한 뒤 근육으로 가서 잠복한다. 하얀 쌀알처럼 보이는 이 벌레를 유구낭미충이라고 하는데, 사람이 잘 구워지지 않은 돼지고기를 먹으면 이게 장 속에서 살아남아 몇 미터짜리 갈고리촌충으로 자라게 된다. 우리나라 사람들이 '삼겹살은 바싹 구워야 한다.'라는 강박관념에 시달리는 것도 다 여기서 비롯되었는데, 다행스럽게도 이 기생충은 거의 멸종의 길을 걷고 있다. 돼지에게 똥을 먹이는 가축 학대적 풍습이 사라졌고, 검역 시스템이 한층 강화되어 소위 '쌀알'처럼 생긴 갈고리촌충의 유충이 든 돼지가 사람 입에 전달될 확률이 없어져 버린 것. 그게 벌써 1980년대 중반의 일인데, 5년 여 만에 처음으로 유구낭미충을 가진 돼지가 발견되었으니 얼마나 기뻤겠는가?

H 교수는 빵집에서 빵을 사 온 후 거기다 돼지 근육에서 뽑은 유구낭미충을 넣었다. 임산부를 제외한 모든 연구원에게 빵이 하나씩 돌아갔다. H 교수도 예외는 아니었다. 평소 연구원 모두가 먹고 싶어 하던 빵이건만, 그날 이후로는 생각이 달라졌을 것이다. 지금은 그 대학의 교수가 된 연구원 하나는 유충을 물어 죽이려고 빵을 꼭꼭 씹어 먹었다고 했다. 몇 주가 지나 몸속에 들어간 유충이 성충이 되고, 알을 낳게 되었을 무렵 대변 검사가 실시되었다. 현미경으로 알을 찾을 필요도 없었다. 감염이 된 사람은 1미터가 넘게 자란 벌레가 내보내는 하얀 조각이 대변에 섞여 있었으니까. 모두가 촌충에 걸린 건 아니었지만 감염자 중엔 실험의 기획자인 H 교수와 빵을 꼭꼭 씹어 먹은 연구원이 포함되어 있었다. 6주 후 감염자들이 약을 먹고 빼낸 벌레들은 항원으로 만들어져 기생충 진단에 아주 유용하게 쓰이고 있다.

2. 90년 전, 미국

1918년, 유럽과 미국에서 소위 '스페인 독감'이 유행했다. 우루과이 라운드가 우루과이 탓이 아닌 것처럼 스페인 독감 역시 스페인의 잘못은 아닌데, 명칭이야 어떻든 최소한 3000만 명이 사망했다고 하니 단순히 '유행했다.'라고 말하기엔 정도가 너무 심했다. 그 엄청난 독감이 지나간 뒤 그에 대한 연구가 진행되었는데, 제일 중요한 게 원인균이 무엇이냐는 것이었다. 지나 콜라타가 쓴 『독감』이란 책을 보면 당시 행해진 연구가 적나라하게 묘사되어 있는데, 읽다 보니 이럴 수가 있을까 싶다.

"1918년 11월, 62명의 죄수를 불러다가 사면을 해 줄 테니 실험에 응하라고 했다." 아무리 죄수지만 전부 사형수도 아니었고, 사형수라 해도 자기가 죽을지도 모르는 실험에 응하게 하는 건 너무 심했다. 나이든 사람에게 위협적인 일반 독감과 달리 스페인 독감은 군인들에서 시작, 주로 젊은 사람들의 생명을 빼앗았으며, 치사율은 물론 잠복기도 짧았는데 말이다.

방법 또한 무진장 원시적이었다.

"독감으로 사경을 헤매는 환자들의 코와 목에서 진득진득한 점액을 채취했다. …… 이것을 죄수의 코와 목구멍에 뿌렸고, 다른 집단에는 눈에 떨어뜨렸다. …… 독감 환자의 코에서 콧물을 빼내 지원자의 콧속에 넣기도 했다. …… 세균은 통과하지 못하고 바이러스만 통과하는 여과기에 채취한 점액을 통과시키고, 그걸 지원자들에게 뿌렸다."

치사율이 높은 걸 감안하지 않더라도, 남의 콧물을 다른 이의 코에 넣다니 생각만 해도 속이 넘어오려고 한다. 심지어 이런 방법도 동원되었다.

"지원자들을 …… 죽어 가는 독감 환자들에게 데려갔다. …… 각 지원자들은 병상에서 환자와 얼굴을 가깝게 맞대고 환자의 악취 나는 숨을 들이마시며 5분 동안 이야기를 나누어야 했다. …… 피실험자는 환자가 내뿜는 숨을 허파 속까지 깊이 들이마셨다. …… 독감 환자와 얼굴을 맞대고 환자의 기침을 5회 이상 받았다."

죄수들 중 독감에 걸린 사람이 없어 다행이지만, 당시 미국의 연구 환경은 이렇듯 비인간적이었다. 그 후 독일과 일본에서 전쟁 포로 및 수용소 민간인을 대상으로 잔인한 생체 실험이 저질러졌고, 의사들은 뉘른베르크 전범 재판에 회부되어 교수형을 당했다. 이래서는 안되겠다는 자성의 소리가 높아진 결과 "모든 연구는 연구 대상자들의 건강과 권리를 보호해야 한다."라는 내용의 헬싱키 선언(1964년)이 채택되었고, 헬싱키 선언은 그 뒤 일곱 차례 개정되면서 오늘에 이른다.

3. 2005년 말, 대한민국

헬싱키 선언 이후 선진국들은 연구 활동에 엄격한 윤리적 잣대를 들이밀었고, 그것을 준수하지 않은 논문은 학술지 채택이 거부될 정도에 이르렀다. 하지만 어떻게든 선진국을 따라잡아야 했던 한국에서 연구 윤리란 여전히 사치스러운 일이었다. 더구나 과학이 경제 발전을 위한 도구로 인식되면서 과학 발전을 방해하는 어떠한 행위도 애국의 이름으로 처단되는 풍토가 당연시되었다. 이것이 곪아터진 게 바로 황우석 사태였다.

알다시피 황우석의 연구는 줄기 세포 연구였고, 그 연구의 성패는 얼마나 많은 난자를 얻을 수 있느냐에 달려 있었다. 황우석 밑에서 일하던 여성 연구원들은 난자를 제공해야 했는데, 실험실 내 위계에 따른 난자의 '상납'이 과연 자발적인지도 의문이지만, 더 큰 문제는 그렇게 호르몬제를 투여해 가며 10개씩 난자를 뽑는 경우 부작용이 만만치 않다는 거다. 연구 윤리 위원회 워크샵에서 한 산부인과 의사의 말이다.

"난자를 채취하고 나서 응급실에 오는 사람이 아주 많습니다. 뱃속에서 생긴 출혈 때문에 골반이 유착될 수도 있고, 세균 때문에 농양(고름 주머니)이 생길 수도 있어요. 난자가 오염될까 봐 뽑을 때 소독약을 못 쓰거든요. 조기 폐경이 오는 수도 있고."

그럼에도 황우석이 윤리적 문제로 궁지에 몰렸을 때 우리나라의 전반적인 분위기는 "뭐 그런 거 가지고 딴죽을 거냐?"라는 식이었다. 33조 원의 국익이 걸려 있는데 그깟 난자가 뭐 대수냐는 분위기였다. 그러나 당시 난자 기증 서약을 한 사람이 수만 명이 넘었다는 사실로 미루어 볼 때 황우석의 연구가 가짜였음이 밝혀지지 않았더라면, 한국 여성들은 계속 난자 기증을 해야 했을 것이고, 실용화가 의문시되는 기술로 인한 국민 건강의 희생이 만만치 않았을 것이다. 그 의사의 말이다.

"배아 줄기 세포가 실패한 건 차라리 다행스러운 일입니다. 그게 성공했다면 우리나라 여성들이 계속 난자를 대야 했을 거 아닙니까. 여대생들이 돈 받고 알바도 했겠지요. 20대 같으면 난자 20개도 뽑거든요."

역시 그 의사의 전언에 따르면, 잘 알려지지 않았지만 이런 문제도 있었다. 불임 시술이 전문인 산부인과에서는 체외 수정을 위해 환자로부터 난자를 뽑아야 하는데, 황우석과 같이 일하던 의사가 좋은 난자만 골라 황우석에게 주고 체외 수정은 미성숙한 난자를 가지고 했단다. 환자는 2세를 얻기 위해 난자를 제공한 건데 미성숙한 난자를 가지고 시술을 하니 결과가 안 좋을 수밖에. 윤리 여부를 떠나 이런 의사는 당연히 구속을 해야 하지 않을까. 이게 OECD 가입국 대한민국의 연구 윤리 수준이었다.

4. 그렇다면 미래는?

황우석의 연구가 가짜로 판명된 덕분에 우리나라 과학계에서도 자성의 목소리가 커졌고, 연구 윤리에 관한 법률도 다시 정비되었다. 이제는 대부분의 대학과 연구 기관에 '연구 진실성 위원회'가 만들어져 위원회의 승인이 없으면 사람을 대상으로 임상 실험을 하지 못한다. 새로운 항암제가 개발되면 환자를 대상으로 실험을 하는 과정이 필요한데, 과거에는 신약 사용 여부를 환자와 의사 모두 모르게 하는 '더블 블라인드 스터디'가 표준이었다. 어느 환자가 신약을 썼는지를 알게 되면 그것만으로도 결과에 영향을 미칠 수 있기 때문이었다. 하지만 지금은 환자에게 미리 공지해야 하는 것은 물론이고 연구 기간 동안의 치료비를 면제해 주는 등의 보상이 필요해졌다. 환자가 어차피 항암제를 맞아야 할지라도 말이다.

기생충이라고 다를 건 없다. 사람이 죽지 않는다 해도 같은 과의 연구원을 실험 대상으로 삼았던 S 대학의 연구는 지금 같으면 학술지에 실리지도 못했을 것이다. 호환·마마보다 기생충이 더 혐오시되는 이 시대에 기생충 연구는 그럼 어떻게 해야 할까? 역시나 믿을 건 자기 자신이다. 연구원이 배가 고파서 기생충을 먹었다고 해도 연구 진실성 위원회에서는 자발성을 의심할 테지만, 연구자가 자기 스스로 먹겠다는데 어떻게 하겠는가?

실제로도 그런 분이 있다. 충북 대학교에서 아시아조충이란 새로운 기생충을 연구하는 엄기선 교수는 돼지 5000마리를 뒤져 딱 하나 찾은 아시아조충의 유충을 스스로 먹었다. 2002년 5월 23일자 《중앙일보》 기사다.

"유충을 길러 확인해야 하는데, 그러려면 사람 몸속에 집어넣어야 했지요. 별 수 없이 눈 딱 감고 제가 삼켰습니다."

그는 75일 뒤 유충이 성충으로 자랐다는 것을 대변 검사로 확인했고, 1993년 발견 사실을 논문으로 냈다. 놀랄 만한 부분은 그 다음이다.

"원래는 확인만 한 뒤 바로 약을 먹어 죽일 계획이었는데, 좀 아까운 생각이 들어 5년 동안 뱃속에서 키우며 이것저것 실험을 했지요."

미국 교과서는 물론이고 『세계 과학자 인명 사전』에 그의 이름이 오르게 된 건 몸을 아끼지 않는 그의 향학열 덕분일 것이다.

그에 비할 바는 못 되지만 나 역시 비슷한 일을 한 적이 있다. 동양 안충이라는, 눈에 사는 기생충을 연구하다 개에게 넣은 동양안충의 유충이 번번이 죽자 홧김에 내 눈에다 유충을 넣었다. 며칠간 눈이 아팠던 보람도 없이 연구는 실패했다. 최근에는 바닷게에서 새로운 기생충을 발견했는데, 쥐 실험을 해 보고 결과가 좋으면 내가 먹어 볼 생각이다. 기생충학을 하는 분들 중에는 자신의 몸을 기꺼이 바치려는 분이 제법 많다. 사람이 더 필요하다면 일가친척을 동원하면 된다. 자기 친척이 훌륭한 연구를 한다는데, 돈은 못 꿔 줘도 몸은 제공하지 않겠는가?

종두법을 퍼뜨려 많은 인류를 구한 제너는 치사하게 자기가 부리던 하인의 아들을 첫 번째 연구 대상으로 삼았다. 이제 더 이상 이런 일이 벌어져서는 안 된다. 연구 대상자에게 보상을 많이 해 주고 유사시 책임을 지든지, 그게 싫으면 자기 몸을 쓰든지. 연구 윤리가 강화된 21세기의 연구는 이런 모습이어야 한다. 연구 윤리에 무관심했던 내가 황우석 사태로부터 배운 교훈이다.

서민 단국 대학교 의과 대학 의예과 교수

서울 대학교 의과 대학을 졸업했으며 단국 대학교 의과 대학 기생충학 교실에서 근무
중이다. 저서로는 『대통령과 기생충』, 『헬리코박터를 위한 변명』 등이 있다.

소통, 과학과 인문학의 공통 과제
현상과 환상 사이에서

1.

몇 년 전, 어느 작가의 흔적을 찾아 일본 중부 지방을 여행한 적이 있었다. 온천으로 유명한 소도시에는 마침 작가의 이름을 딴 박물관이 있었는데, 건물 이층 한구석에 그가 살았음직한 방의 모형이 실물 크기로 전시되어 있었다. 화로, 담뱃대, 가정 상비약 …… 등등의 고풍스러운 일용 잡화들이 전시된 방 앞에서 나는 작가의 생생한 숨결을 느끼며 잠시 그가 쓴 소설의 한 장면을 떠올렸다. 그런데 잠시 후 안내문을 자세히 읽어 보니, 그 방은 작가의 삶과 아무런 관련이 없는, 그 지방의 전형적인 중세 가옥을 재현한 것이었다. 불과 몇 분 동안 내 안에 '존재'했던 감동, 그러나 흔적도 없이 증발해 버린 감각의 그림자. 그것은 내 안에 실재했던 것일까, 아니면 단지 하나의 '환상'으로 치부해 버릴 순간적인 감각의 왜곡이었을까? 그 기억은 내게 오랫동안 세계의 실상에 대한 진지한 성찰을 하게 했고, 세계를 이해한다는 것이 과연 무엇인지에 대해 깊이 생각할 수 있도록 한 계기가 되었다.

어떤 사물, 또는 인간을 이해한다는 것은 도대체 무엇일까? 어떤 대상을 이성을 통해 파악할 것인가, 아니면 감각을 통해 다가갈 것인가? 대상은 필연적으로 다면적인 모습을 취하고 있을 것인 바, 그 대상의 어떤 특질을 파고들 것인가? 이러한 질문은 물론 철학자의 것이다. 세계를 이해하기 위한 노력은 인류 역사가 시작된 후 면면히 이어져 왔고, 그 작업은 오늘도 계속되고 있지만, 우리는 사물의 본질을 찾는 과정에서 단지 희미한 그림자를 볼 수 있을 뿐이다. 한 가지 확실한 것, 세계는 아직도 미스터리라는 것. 그리고 사물의 한 꺼풀이라도 이해하자면 관찰자도 몇 겹의 도수가 다른 렌즈와 각양각색의 필터를 준비하고 있어야 한다는 사실뿐.

2.

여기 도자기가 하나 있다. 이것을 어떻게 말할 것인가? 이것을 남에게 묘사, 기술하는 것조차 쉽지 않다는 사실을 깨닫는다. 자연 과학자들의 방식대로, 질량, 부피, 형태, 성분 등등의 특질로서 설명할 것인가? 아니면 도자기의 제법, 내력, 소유주 등등을 말할 것인가? 도자기 표면의 까끌까끌한 느낌을 도대체 어떻게 표현할 것인가? 도자기에 대한 '모든 것'을 말하는 것은 불가능하다, 왜냐하면 '모든 것'이 무엇인지 알 수 없으므로. 우리는 그저 도자기에 대한 몇몇 사실만을 말할 수 있을 뿐, 그러나 그것도 확실하다는 보장은 없다. 그런데 '확실'하다는 것은 무엇일까? …… 이렇게 계속하자면 아마도 나는 지독한 회의주의자일 것이다. 그나마 다행인 것은, 실생활에서는 이러한 의문들이 크게 대두되지는 않으니, 나는 그 도자기를 방 한 구석에 놓고 가끔씩 바라보며 짧은 몽상에 잠길 뿐이다.

사물을 기술할 때 자연 과학적 방법이 매우 효과적인 것은 사실이다. 과학자들은 어떤 사물의 중요한 몇 가지 성질을 취해 그들 사이의 관계를 알아보는 식으로 이해하고자 했다. 이를테면, 17세기에 돌턴, 아보가드로, 게이뤼삭과 같은 사람들은 기체의 부피, 질량(몰수), 압력, 온도를 취해 변수들 사이의 관계를 실험으로 규명했다. 이러한 거시적인 성질들이 과연 기체의 특성을 잘 나타낼 수 있을까? 19세기에 볼츠만은 기체의 거시적 성질들을 수많은 기체 분자들의 운동으로 나타내어, 기체의 구조에 대한 결정적인 단서를 제공했다. 기체를 구성하는 개개 분자들에 대해 완벽하게 안다고 해서, 우리가 기체에 대해 잘 안다고 말할 수 있을까? 물론 그렇지 않다. 왜냐하면, 예를 들어서 그 기체가 인체에 미치는 영향에 대해 누군가 질문할 가능성이 있기 때문이다. 또는 그 기체가 우주의 어느 성운에 가장 많이 분포하는지 물을 수도 있다.

3.

사물에 대한 과학적 기술이 사물을 이해하기에는 불완전함에도 많은 과학자들이 자연에 대한 지식을 추구하는 것은, 그것이 매우 유용하기 때문이다. '유용'하다는 것은 꼭 그 지식을 실용화해 실생활에 사용할 수 있다는 의미는 아니다. 이것은 과학의 본질적 성격과 관련된다. 흔히, '과학'은 '기술'과 친자매처럼 붙어 다니는 바, 정부 기관으로는 과학 기술부가 있고, 그곳에서 입안하는 정책은 과학 기술 정책이다. 언론 기관을 보면, 심지어는 과학은 경제와 관련되어 경제 과학부에서 취급된다.

그러나 과학의 기원을 보면 실용성과는 별로 관계가 없었다는 사실을 알 수 있다. 세계에 대한 과학적인 의문이 언제 시작되었는지는 알 수 없으나, 일단 고대 그리스 자연 철학자들의 무시무시한 질문이 떠오르는 바, 그 첫째 질문은 이러하다. 우주는 어떻게 생겨났는가? 둘째 질문은 이러하다. 인간은 어디서 왔는가? 이 두 가지 제일의적(第一義的) 의문에 대해 철학자들은 많은 사유를 했을 것이다. 그리스 철학자들도 나름대로 고심했지만, 연구 방법론이 적당하지 않아 신통한 답을 얻지는 못했다. 16세기 이후의 경험론적 철학이 실험, 관찰에 의한 연구 방법을 낳아, 오늘날에는 이 의문들에 대한 설득력 있는 학설을 얻었다.

그렇다면 나는 과학의 기원이 철학이라고 말하는 것인가? 물론, 그렇다. 단지, 과거에는 철학이 모든 학문을 포함했으나, 16세기 이후로 자연에 대한 탐구가 전문화되면서 철학의 영역 밖으로 독립했을 뿐이다. 물체의 운동 법칙에 대한 뉴턴의 위대한 저서 제목이 『자연 철학의 수학적 원리』인 것은, 당시에 과학이 '자연 철학'이라고 불리었음을 말한다. '과학'이라는 용어가 생겨나기 이전이었던 것이다. 과학과 기술은 19세기 말까지 교류가 거의 없었으며, 소통이 시작된 것은 과학이 고도화되는 과정에서 실제적인(공학적인) 문제들을 해결할 수 있음이 입증된 20세기의 일이다.

이런 의미에서, "'과학'의 우두머리는 누구이고, '학문'의 우두머리는 누구"라는 어느 인문학자의 발언은 망발인 것이다. 이 나라의 인문·사회 과학자들은 무슨 이유에선지, 과학을 학문으로 여기는 것조차 극히 꺼리는 듯하다. 물론, 이러한 태도는 이 나라의 불행한 역사(16세기 이후 성리학의 공리공론이 어떻게 이 나라를 망쳤는지 보라.)에서 비롯된 그들의 편견에 기인한 것으로, 서양 사회에서는 전혀 그렇지 않다.

가장 위대한 영국인이 누구였는지 물었을 적에, 영국인들은 주저 않고 뉴턴을 꼽았다. 셰익스피어가 아닌 것이다.

4.

과학이 제일의적 질문들을 탐구해 나가는 과정에서 발생한 철학의 한 분야라는 사실을 어떻게 입증할 것인가? 과학이 그 질문들에 대해 어떠한 답을 제시했는지를 살펴보면 간단할 것이다. "우주는 어떻게 생겨났는가?" 하는 의문을 푸는 결정적인 실마리는 우주에 대한 직접적인 '관찰'에서 나왔다. 갈릴레오가 당시 갓 발명된 망원경으로 밤하늘을 보았을 때, 완벽한 천체라고 믿었던 달의 표면은 온통 우툴두툴한 자국으로 덮여 있었으며, 목성 주위로는 위성들이 돌고 있었다. 갈릴레오가 이 사실을 말했을 때, 어떤 학자들은 아예 망원경 들여다보기를 거부했다. 지구가 태양계의 중심이 아니라고 말한 이후, 갈릴레오가 심한 박해를 받았음은 주지의 사실이다. 천문학은 그 후 비약적인 발전을 하여 결국 대폭발 이론으로 이어졌다. 약 137억 년 전에 한 점으로부터 대폭발이 일어나 우주가 형성된 이후 우주는 계속 팽창하고 있다는 이 이론은 철학자들의 '사유'가 아니라, 천문학자들의 끈질기고도 주도면밀한 '관찰'에서 만들어진 것이다.

인간은 어디서 왔는가? 인간의 기원은 생물학이 발전되기 전에는 미궁에 빠져 있었다. 인간이라는 동물의 유래에 대해 가장 설득력 있는 학설을 제시한 사람은 생물학자인 찰스 다윈이다. 그는 수십 년 동안 지구 곳곳의 생물계를 관찰한 후, 한 권의 책으로 생물의 기원에 대한 학설을 펴냈는데, 그것이 『종의 기원』이다. 생물의 진화에 대한 다윈의 학설은 즉시 심한 공격을 받았는데, 다윈은 효과적인 반론을 제시할 수 없었는데 이는 취득된 생물의 형질이 어떻게 다음 세대로 전달되는지, 즉 유전에 대한 지식이 당시에는 전무했기 때문이다. 20세기 초에 들어와서 사장될 뻔했던 멘델의 유전 법칙이 발굴된 후, 유전학은 눈부신 발전을 거듭해 다윈의 궁한 답변을 보충해 주게 되었다.

물론, 진화론이 인간에 대한 모든 것을 설명해 주지는 않는다. 생명 현상 자체는 인간의 지능으로는 이해할 수 없는 영원한 미스터리일지 모르겠다. 왜 심장이 쉬지 않고 뛰는지 아는 사람이 누가 있겠는가? 인간의 영혼과 정신 세계에 대해 우리는 아직도 무지하지만, 이 학설이 인간의 물리적, 생물학적 측면을 이해하는 데 유용하다는 것을 부인할 수는 없을 것이다. 실제로 인류학 또는 사회학에 진화론이 큰 기여를 하고 있음은 이를 반증하는 것이다.

5.

과학은 세계에 만재('만연'이라고 해야 할까?)해 있는 미신을 타파하는 데 큰 도움을 줄 수 있지만, 그렇다면 과학은 만능인가? 결코 그렇지 않다. 우선, 과학의 이름으로 행해진 일들을 살펴보자. 히틀러 치하의 독일은 우생학 이론을 차용해 아리안 족의 우월성을 찬양했으며, 그 결과 수많은 집시 족과 유태인들이 가스실에서 목숨을 잃었다. 제2차 세계 대전 중 개발된 핵무기는 전 인류를 순식간에 기화시킬 수 있는 가공할 무력을 낳았다. 화석 연료의 무제한 사용은 대기 중 이산화탄소의 농도를 증가시켜 지구 온난화에 따른 파국을 야기하고 있으며, 최근 상용화된 휴대 전화에서 발생되는 전자파는 꿀벌들의 방향 탐지 기능을 무력화시켜 식물의 수분을 불가능하게 만든다는 보고가 있다. 과학은 가치중립적이며, 과학을 사용하는 것은 결국 인간이므로 인간의 양심이 문제라는 전통적인 논리는, 단 한 번의 결정으로 지구가 멸망할 수 있는 상황에서는 설득력이 없는 것이다. 과학자들이 적극적으로 정책에 참여해야 하는 이유가 여기에 있다. 여의도만한 운석이 한반도를 향해 돌진하면 적어도 아시아 대륙 전체가 치명상을 입을 것으로 예측되는데, 정말로 그러한 일이 벌어진다면 그때 우리는 누구에게 해결책을 물을 것인가?

또한 과학은 영혼과 관련된 문제에서 거의 무능하다. 과학의 발전에 따라 물질 숭상이 심해질수록 종교가 성행하는 이유가 여기에 있다. '인간은 어떻게 살아야 하는가?'라는 의문에 과학은 어떻게 답변할 것인가? 과학자들은 대부분 난처한 표정을 지으며 지나칠 것이다. 과학은 물질계의 현상을 탐구하지만, 우리의 삶에서 그것만이 중요한 것은 아닐 것이다.

지금까지 존재하지 않았던 새로운 것들을 창조하려는 예술가에 의해 태어난 환상의 세계 또한 우리의 삶을 풍요롭고 멋지게 만들 수 있을 것이다. 영혼의 문제는 비록 그것을 다루는 분야(특히 종교)가 객관적인 증거에 근거하지 않는다 해도, 인간의 아름다운 삶을 위해서 반드시 다가가야 할 것이다. 삶은 다면적이고, 다층적이다. 우리가 세계를 이해하고 바람직한 삶을 살기 위해서는 물질에 대한 지식 외에 인문학, 사회 과학, 예술, 종교 등등의 정신 문화 또한 긴요한 것이다.

C. P. 스노는 이미 1959년 강연에서 '두 문화'를 언급했는데, 그는 인문학과 자연 과학 사이의 소통이 심히 어려워지고 있는 현실을 염려한 것이었다. 그의 우려는 어느 한쪽의 문화만으로는 세계를 이해

할 수 없고 인간이 바람직한 삶을 살 수 없다는 논지에 근거한 것인 바, 그것은 서양 사회에 대한 우려였다. 이 나라에는 인문학과 자연과학 사이의 소통이 처음부터 존재하지 않았고, 그것은 지금도 마찬가지일 것이다. 자연에 대한 관심이 아예 처음부터 없었던, 유교 문화가 지구상의 그 어느 나라보다도 뿌리를 깊이 내린 이 나라에서, 남극과 북극보다 더 먼 두 문화 사이의 소통은 인간 및 세계의 이해라는 철학적 목적을 위해서뿐만 아니라, 과학의 실용적 추구를 통한 지속 가능한 발전을 위해서도 몹시 요망되는 일이다.

이성렬 경희 대학교 응용화학과 교수

서울 대학교 자연과학대학 화학과를 졸업하고 카이스트 화학과에서 석사 학위를, 미국 시카고 대학교 화학과에서 박사 학위를 받았다. 현재 경희 대학교 응용화학과 교수로 재직하고 있다.

30년 후에도 사라지지 않을 기술
기계와 기술 속에서 과학 시대의 낭만을 읽는다

1997년 한국에서만 가입자가 무려 1500만 명을 웃돌 만큼 넘쳐났던 삐삐는 다 어디로 갔을까? 휴대 전화 가입자 수가 3000만 명을 넘어선 요즘, 삐삐는 말 그대로 '골동품'이 되었다. 호출을 받자마자 공중 전화로 달려가야 하는, 이동 중에는 통화할 수도 없는 삐삐만으로 어떻게 생활했는지 지금 생각해 보면 아득히 먼 옛이야기인 것만 같다.

그러나 삐삐 사용자가 아예 사라진 것은 아니다. 한 신문 기사에 따르면, 아직도 12만 명 정도가 삐삐를 쓰고 있으며, 의사나 군인처럼 직업상 사용해야 하는 사람들을 빼더라도 삐삐 사용자가 5만 명에 이른다고 한다. 매달 1000명 정도가 새로 삐삐를 찾고 있으며, 삐삐를 사랑하는 사람들의 모임, 이른바 '삐사모' 회원수도 매달 꾸준히 늘어 가고 있다고 한다. 시도 때도 없이 받으라고 아우성치는 휴대 전화 벨소리와는 달리 통신료도 싸고 스팸 메일도 없으며 '호출'과 통화 사이의 여유를 즐길 수 있는 삐삐가 아예 사라지는 일은 없을 거라고 삐사모 회원들은 자신 있게 항변한다.

이런 일은 비단 우리나라만의 일이 아니다. 1990년대 중반 전 세계 젊은이들 사이에서 폭발적인 인기를 끌었던 삐삐는 휴대 전화에 밀려 사라지는 듯싶더니, 2002년부터 오히려 판매량이 증가 추세로 돌아섰다고 한다. 몇몇 대기업들은 여전히 업무의 상당 부분을 삐삐에 의존하고 있으며, 자그마한 크기에도 불구하고 좋은 수신율을 자랑해 휴대 전화 불통 지역에서 자주 애용되고 있다. 무엇보다 운전 중 통화로 인해 일어날지 모를 교통사고를 예방하고 전화 통화로 개인 시간을 방해받고 싶지 않은 사람들에게 삐삐는 좋은 수신기가 돼 주고 있다.

매사추세츠 공과 대학(MIT)에서 발행하는 과학 저널《테크놀로지 리뷰》는 2004년에 기술의 비약적인 진보에도 불구하고 결코 사라질 기미를 보이지 않는 기술 10가지를 소개하는 특집 기사를 실었다.[1] 물론 삐삐도 그중 하나다.

《테크놀로지 리뷰》에서 선정한 '불멸의 기술'을 살펴보면, 누구나 살며시 입가에 웃음을 지으면서 잠시나마 옛 생각에 잠기게 될 것이다. 예를 들어 도트매트릭스 프린터가 바로 그런 경우다. 1980년대 등장했던 이 프린터의 찌직 찌직 소리 때문에 우리는 얼마나 '요란한 인쇄'를 해야만 했는가? 당시에는 그 소리가 엄청나게 귀에 거슬렸지만, 이제 골동품 애호가들은 이 소리에서 추억의 향기를 맡는 모양이다. 분당 2000줄, 한 달에 무려 250만 장 이상을 프린트하면서도, 비용은 장당 1센트에 불과하다고 하니 은행이나 약국 등 빠른 속도와 신뢰성, 경제적 효율성을 요구하는 곳에서는 요즘도 인기 만점이라고 한다.

타자기도 비슷한 경우다. 한국에서는 타자기 문화가 크게 번성하지는 않았지만, 미국 전자 소비재 협회에 따르면 2002년 미국인들은 43만 4000대의 전자 타자기를 사들였다. 구형 타자기를 만드는 올림피아 사와 올리베티 사도 여전히 건재를 과시하고 있다. 내가 아는 콜롬비아 의과 대학 정신과의 한 사무원도 모든 서류를 타자기로 작성하는데, 한번은 내가 신기한 눈으로 타자기를 쳐다보니 "이 녀석이 보기에는 투박해도 컴퓨터 바이러스에 걸릴 위험이 전혀 없고 하드디스크나 소프트웨어 고장, 배터리 소모에 따른 작업 중단이 없다."라면서 자랑을 늘어 놓는다.

내겐 그저 아직 고장이 나지 않아 계속 쓰고 있는 것처럼 보이지만, 1년에도 몇 번씩 컴퓨터 바이러스로 나라 전체가 골머리를 썩고 있는 현실을 떠올려 보면 타자기 역시 사라져서는 안 될 물건이라는 생각이 들긴 한다.

그런데 타자기를 보며 떠올린 생각은 정작 MIT《테크놀로지 리뷰》에서 선정한 대부분의 기술들을 나나 한국에서 살고 있는 내 주변 사람들은 거의 사용하고 있지 않다는 사실이었다. 미국과 한국의 차이일까, 아니면 내가 얼리 어댑터에 더 가까운 사람이어서 일까?

《테크놀로지 리뷰》에 이 기사를 쓴 에릭 시글리아노는 전자 우편과 스캐너가 보급된 시대에도 팩스는 결코 없어지지 않을 것이라고 주장하면서, 사람들은 종이가 없어지지 않는 한, 종이 위 이미지와 글, 각종 표지를 빠르게 전달하는 수단으로 팩스를 사용하게 될 것이라고 말한다. 전자 우편을 놔두고, 도대체 자주 종이가 걸리고 통화도 잘 안 되는 이 구닥다리를 왜 사용하는 것일까?

1960년대 처음 등장한 골동품인 카세트 테이프 역시 마찬가지다.

2트랙 방식의 63센티미터 테이프에서부터 24트랙 5센티미터 테이프까지 다양한 크기의 테이프들이 여전히 절찬리에 생산 중이라고 한다. 물론 오디오광들이 1만 달러짜리 CD 플레이어보다 턴테이블을 선호하듯, 음향 기술자 가운데 상당수는 여전히 테이프 녹음 방식을 신뢰하는 것은 사실이다. 그러나 CD 플레이어나 MP3 대신 카세트 테이프를 들을 만큼 나는 인내심이 강하지 못하다.

그 외에도 시글리아노는 인간적인 소리로 많은 오디오 마니아들을 광분시키는 진공관, PC가 도래하면서 더 이상 쓸모없을 것처럼 보였지만 은행에선 여전히 건재함을 과시하고 있는 메인프레임 컴퓨터, C언어와 자바스크립트가 난무하는 오늘날에도 과학 기술 연산에 꿋꿋이 사용되고 있는 포트란 언어 등을 "결코 사라지지 않을 기술 10가지" 목록에 포함시키고 있다.

그는 "이 불멸의 10대 기술이 최첨단 기술들이 놓치고 있는 틈새를 메우기도 하고 때론 결코 추월당할 수 없는 기술적 우위로 입지를 더욱 공고히 할 것이다."라고 전망하고 있다.

과연 이 기술들은, 시글리아노가 주장하는 대로, 과학 기술의 발전이 우리로 하여금 거의 몸을 움직임 필요 없는 '게으른 사회'로 이끌어 가고 있는 21세기에도 결코 사라지지 않고 우리 곁에 남아 있을까? 나는 이 물건들이 30년 후에도 몇몇 골동품 애호가들을 소장품이 아니고서는 결코 사라지지 않을 기술로 남아 있으리라고 장담하지는 못하겠다.

만약 나더러 리스트를 만들라고 한다면, 아마도 전혀 다른 아이템들이 자리를 차지하고 있을 것 같다. 1인 자동차 1대 시대임에도 불구하고 전혀 사라질 기미를 보이지 않는 자전거, 세탁기에 붙어 있는 건조기가 1시간 만에 빨래를 말려 주는 시대에도 아시아 국가에서는 여전히 건재할 빨래줄(이건 기술이랄 것도 없을까?), 디지털 피아노와 전자 바이올린이 공연장을 점령하고 디지털 음악 프로그램이 악기 소리를 그대로 재생하는 시대에도 여전히 타의 추종을 불허할 피아노나 바이올린 같은 고전 악기들이 나의 리스트에는 올라갈 것이다. 내가 만든 리스트가 《테크놀로지 리뷰》 목록과 가장 큰 차이점은 내 리스트에 들어 있는 기술들은 모두가 기술적 우위와 전혀 상관없이 이제는 우리의 '문화'가 된 것들이다.

《테크놀로지 리뷰》가 뽑은 10가지 기술 중에서 내가 유일하게 동의하면서 내 리스트에도 넣고 싶은 것은 바로 라디오다. 1940년대 텔레비전이 등장하면서 이미 사망 선고를 받았던 라디오. 「비디오가 라디오 스타를 죽이다」라는 노래가 나온 지 40년 가까이 되었지만, 아직도 우리 곁에서 외로움을 달래 주는 친구, 오랜 자동차 운전의 무료함을 달래 주는 청량제 구실을 톡톡히 하고 있는 라디오를 보고 있노라면, 모든 기술은 다 제 자리가 있다는 생각이 든다. 수많은 기술들이 나타났다 사라지고 있는 21세기, 우리 삶을 더욱 인간적이고 풍요롭게 해 주는 기술들만은 꾸준히 우리 곁에 남아서 과학의 시대에도 낭만이 있음을 보여 주기를 간절하게 바란다.

주

1) Eric Scigliano, "Ten Technologies That Refuse to Die," *Technology Review*. February (2004). http://www.techreview.com/articles/04/02/scigliano0204.asp

정재승 카이스트 바이오및뇌공학과 교수

카이스트 물리학과와 동 대학원을 졸업하고 미국 예일 대학교 의과 대학 정신과
연구원, 미국 콜롬비아 의과 대학 신경정신과 조교수를 지냈다. 2004년부터 카이스트
바이오및뇌공학과 부교수로 재직하고 있으며 저서로는 『물리학자는 영화에서 과학을
본다』, 『정재승의 과학 콘서트』, 『도전! 무한지식』이 있다.

우주적 드라마 3막 9장
과학의 도(道)를 깨닫다

1. 우주적 기승전결

과학 기술 사회에서는 일반인도 어느 정도의 과학 상식(science literacy)을 갖추는 것이 바람직하다. 마찬가지로 인문, 사회 그리고 예체능계 대학생들에게 교양 과학을 제대로 가르치는 것 또한 중요하다. 오랜 검토 끝에 작년에 발표된 하버드 대학교의 교양 과목 개편안에는 모든 문과생이 적어도 교양 과학 두 과목을 이수하도록 하는 내용이 들어 있다. 과학에 대한 전반적인 이해는 21세기 지도자의 중요한 덕목 중 하나이기 때문이다.

과학 학습의 배경이 부족하고 그래서 과학에 거리를 느끼는 문과생에게 교양 과학은 자칫 어렵거나 지루한 과목으로 비쳐질 수도 있다. 그들에게 이과생이 배우는 기초 과학의 학습 방식을 그대로 적용할 수는 없다. 그래서 나는 과학의 핵심적인 내용을 쉽게 이해도록 나름대로의 방법을 즐겨 사용하고 있다. 우주와 생명에 대한 현대 과학적 이해를 '3막 9장의 드라마'로 풀어 설명하는 것이 그것이다. 반응도 좋은 편이다. 3막 9장의 요지는 다음과 같다.

273

　노자(老子)가 말한 천지의 시원은 과학적으로는 대폭발이요, 우주적 드라마의 구도상으로는 기(起)에 해당한다. 대폭발 우주에 이미 들어 있는 기본 원리(道)에 따라 쿼크가 만들어지고, 또 쿼크로부터 양성자(제일 가벼운 원소인 수소)와 중성자 그리고 양성자와 중성자로부터 두 번째로 가벼운 원소인 헬륨이 만들어지는 '최초의 3분간'이 있다. 이와 더불어 수소와 헬륨의 원자핵이 전자와 결합해서 후일 우리 주위의 물질 세계를 구성할 중성 원자를 만드는 처음 30만 년까지는 일이 잘 풀려 나가는 승(承)에 해당한다.

　그런데 잘 풀려 나갈 줄 알았던 우주는 난관에 봉착한다. 생명체를 만들려면 처음 3분 동안에 만들어 놓은 수소와 헬륨이 충돌해서 탄소, 산소 같은 무거운 원소들을 만들어야 한다. 그런데 급격히 팽창하는 초기 우주에서는 수소와 헬륨 사이의 거리가 멀어져 갈 뿐만 아니라 온도까지 급강하해서 충돌한 여지가 줄어들고 만다. 우주적 반전(反轉)이 요구되는 상황이다.

우주적 드라마의 전기(轉機)는 수억 년 후에 별과 은하의 모습으로 찾아온다. 한없이 멀어져 갈 것 같던 수소와 헬륨이 미약한 중력의 영향으로 서서히 방향을 전환(轉換)하고 뭉치면서 급기야는 별과 은하가 탄생하는 것이다. 그리고 별의 내부에서는 마침내 오래 기다렸던 무거운 원소의 합성이 실현된다. 약 100억 년 후에 이 무거운 원소들은 대폭발 우주에서 마련해 놓은 가벼운 원소들과 함께 태양계의 재료가 된다. 그러니까 현묘(玄妙)한 하늘에서 빛나는 수많은 별들도, 우리 삶의 터전인 황토(黃土)도 모두 반전(轉)을 통해 얻어진 우주적 드라마의 결(結)이다.

결은 거기에서 그치지 않는다. 우주적 기(起), 승(承), 전(轉)을 거쳐 46억 년 전에 태양과 지구를 만들어 낸 자연은 내친 김에 생명의 창조에 나선다. 대폭발 우주에서 만들어진 수소와 별의 내부에서 만들어진 탄소, 질소, 산소가 화학 결합을 통해 네 가지 생명의 알파벳을 만들고, 이 알파벳들을 사용해서 기록된 유전 정보를 바탕으로 생명체의 기본 단위인 세포가 생겨난 것은 약 40억 년 전 일이다. 그리고 40억 년에 걸친 세포 기능의 발전과 세포의 뭉치기를 통해 오늘날의 인간이 등장했다. 그러고 보면 국화도, 소쩍새도, 그리고 시인도 40억 년 전 태초 세포의 후손이다.

거시 세계와 미시 세계의 중간에 위치한 인간은 우주의 모습을 담고 있다. 우주에는 약 1000억 개의 별이 들어 있는 은하가 약 1000억 개 있다. 흥미롭게도 우리 몸에는 약 100조 개의 원자가 들어 있는 세포가 약 100조 개 있다. 거시 세계와 미시 세계에 대한 전반적인 이해를 이루어 낸 과학을 하는 인류, 호모 사이엔티피쿠스(*Homo scientificus*)는 그야말로 소우주이고 우주적 결(結)의 결정판이다. 문과, 이과를 떠나서 우주적 드라마의 기승전결을 파악하고 즐길 수 있는 것은 현대를 사는 교양인의 특권이다. 더구나 그 드라마의 귀결이 우리 자신임에랴.

2. 별의 살신성인

우주적 드라마에서 생명을 탄생시키기 위해서는 별의 내부에서 탄소가 생기는 단계가 필수적이다. "Twinkle, twinkle, little star, how I wonder what you are?"라는 동요 가사대로 다이아몬드처럼 반짝이는 작은 별은 수천 년 동안 인간의 상상력을 자극해 왔다. 최근 별세한 1967년 노벨 물리학상 수상자 한스 베테가 밝힌 대로 태양과 같은 주계열성의 내부에서는 수소가 헬륨으로 융합되면서 에너지가 나온다. 별의 중심에 헬륨이 축적되면 주계열성 다음 단계인 적색 거성이 되면서 헬륨으로부터 드디어 생명의 핵심 원소인 탄소가 만들어진다. 다이아몬드가 순수한 탄소의 결정인 것을 생각하면 적색 거성의 중심에서는 후일 지구상 수많은 여인들의 손가락에서 반짝일 다이아몬드가 준비되고 있는 셈이다.

그런데 적색 거성의 중심에 탄소가 얼마나 많은지, 그러니까 다이아몬드로 치면 몇 캐럿인지가 별의 장래를 결정한다. 별의 진화에 대한 연구로 1983년 노벨 물리학상을 받은 수브라마니안 찬드라세카르에 따르면 중심 탄소 핵의 질량이 태양 질량의 1.4배를 넘는 적색 거성은 탄소부터 철까지의 원소들을 만들고는 초신성 폭발로 생을 마무리한다. 질량이 찬드라세카르 한계, 즉 태양 질량의 1.4배를 넘지 못하는 적색 거성은 초신성으로 발전하지 못하고 백색 왜성이라는 별 볼일 없는 별로 남는다.(참고로 태양 질량 정도의 다이아몬드는 1에 0을 34개 붙인 캐럿에 해당한다.)

우주의 역사에는 세 가지의 커다란 폭발이 있었다. 첫 번째 폭발은 우주의 시작을 알리는 빅뱅, 즉 대폭발이다. '빵하고 터졌다.'라는 의미에서 '빅 빵'이라고 옮겨도 좋겠다. 두 번째 폭발은 대폭발로 출발해서 팽창을 계속하던 냉혹한 우주에서 수억 년의 암흑을 헤치고 하늘에 뇌성을 일으키는 최초 별의 탄생이다. 세 번째 중요한 폭발인 초신성 폭발은 수명을 다한 별의 자폭이다. 초신성 폭발은 얼마나 장엄하던지 하나의 초신성이 내는 빛은 10억 개의 별이 들어있는 은하 전체가 내는 빛과 맞먹는다.

이 세 가지 폭발은 모두 생명의 탄생에 필수불가결하다. 일단 첫 번째 폭발로 우주가 시작이 되어야 가벼운 원소인 수소가 생기고, 약 100억 년 후에 태양계가 생겨난다. 그 결과 태양의 주위를 도는 지구에서 진달래도 피고 김소월 시인도 태어나게 된 것이다. 두 번째 폭발로 별이 생기지 않았다면 진달래에도 시인의 몸에도 들어 있는 탄소, 질소, 산소 등 생명의 필수 원소가 만들어질 수 없다.

세 번째 폭발이 중요한 것은 초신성 폭발을 통해 적색 거성에서 만들어진 생명의 필수 원소들이 우주 무대에 등장하기 때문이다. 플롯과 배우들의 연기력이 뛰어난 연극이라 하더라도 배우들이 무대에 나서지 않으면 관객에게 감동을 줄 수 없다. 생명이라는 우주적 드라마의 주역을 맡을 원소들이 별의 내부에 갇혀 있다면 생명은 이루어질 수 없는 꿈에 지나지 않는다. 다행히 초신성의 희생적인 죽음을 통해 별의 내부에 들어 있던 원소들이 우주 공간으로 빠져나와 먼 훗날 우리 몸에 자리 잡게 된다. 별의 죽음이 생명을 잉태한 것이다.

초신성의 해체를 통해 우주 공간으로 탈출한 탄소, 질소, 산소 등 생명의 필수 원소들은 대폭발 때 만들어져 우주 공간을 채우고 있던 수소를 만나게 된다. 그리고는 태초부터 예정되어 있던 화학 결합의 원리에 따라 탄소는 메탄을, 질소는 암모니아를, 산소는 물을 만든다. 이처럼 메탄, 암모니아, 물 같은 간단한 화합물에도 세 차례 있었던 우주적 폭발의 비밀이 함축되어 있다. 약 40억 년 전 태초의 지구에서 메탄, 암모니아, 물은 수소와 함께 더욱 기능적인 화합물로의 변화를 거듭해 최초의 생명체를 만들어 냈고, 생명의 진화는 결국 과학을 하는 호모 사이엔티피쿠스를 만들어 냈다.

초신성 폭발이 없었다면 생명의 원소들은 아직 적색 거성의 내부에서 모란이 피기를 기다리고 있을 것이다. 죽음은 생명을 잉태한다. 살신성인은 우주적 원리인 셈이다.

3. 물에서 보는 도와 덕

우주와 인간사의 도와 덕을 다루는 노자의 사상에서 도는 모든 현상 뒤에 있는 위대하고 전능적인 활성의 원리로서 우주 생성의 원동력이고, 덕은 도가 물질적 세계에 발휘되었을 때 나타나는 우주의 양육, 발전의 능동적 원리라고 한다. 다시 말하면 덕은 득(得)으로, 원리인 도를 따라 행함으로 얻어진 좋은 결과인 것이다.

『도덕경』에서 가장 많이 알려진 "상선약수(上善若水)", 즉 "최고의 선은 물과 같다."라는 말은 모든 것을 이롭게 하면서도 다투지 않으며 항상 낮은 데로 임하는 물의 덕을 일컫는 것이다. 40일 금식을 해도 물은 마셔야 하는 이유는 생명의 화합물들과 적절히 융화하면서 생명 현상의 핵심인 변화를 가능하게 하는 물의 덕에 있다. 화성 탐사선이 화성 표면에서 물의 흔적을 발견함으로써 화성에도 생명이 존재할 가능성이 있다고 반가워하는 것을 보아 알 수 있듯이 물의 덕은 우주적이다.

물의 덕은 유연성과 융통성으로 발휘된다. 캐나다 쪽 로키 산맥에는 대분기점이라는 특별한 곳이 있다. 산에서 물은 계곡을 따라 흐르지만, 해발 1000미터가 넘는 이 지점에서는 폭이 1미터 남짓한 작은 개울이 능선을 따라 흐르다가 양쪽으로 갈라진다. 그런데 이 지점이 대분기점인 이유는 여기서 오른쪽으로 빠지는 물은 태평양으로 흘러 들어가고, 왼쪽으로 빠지는 물은 3000킬로미터를 흘러서 대서양으로 흘러 들어가기 때문이다. 인간사도 마찬가지임을 생각하면 물은 교훈적이기도 하다.

방금 전까지 뒤섞여서 같이 흘러가던 물 분자들 중 일부는 태평양으로, 다른 일부는 대서양으로 흘러갈 수 있는 유연성은 자연에 존재하는 힘의 크기에서 나온다. 바로 이 상황에 작용하고 있는 힘들을 생각해 보자. 우선 물이 흐르는 것은 자연의 힘 중 가장 약한 중력이 있기 때문이다. 물 분자들 사이에는 수소 결합이라는 전기적 힘이 작용한다. 이 힘은 비교적 약하기 때문에 수소 결합을 이루던 2개의 물 분자가 대분기점에서 갈라지는 것이 가능하다. 수소 결합이 몇 배 더 강했더라면 물 분자들은 조약돌처럼 하나로 뭉쳐서 태평양이건 대서양이건 한쪽으로만 흐를 것이다. 하나의 물 분자 안에는 공유 결합이라는 전기적 힘이 역시 작용해 2개의 수소 원자를 중심의 산소 원자에 결합시켜 준다. 수소와 산소 원자 사이의 공유 결합은 물 분자 사이의 수소 결합보다 10배 정도 강하기 때문에 로키 산맥에서 대서양까지 흐르는 동안 수증기가 되기도 하고 비가 되기도 한다. 하지만 물은 물이다.

수소와 산소 원자 내부에도 전기적 힘이 작용한다. 양전하를 가진 양성자가 들어 있는 원자핵이 음전하를 가진 전자들을 전기적 힘으로 붙잡아 중성 원자를 만드는 것은 자연에 나타난 음양 원리의 대표적 사례이다. 만일 원자가 중성이 아니라면 우리 몸에 들어 있는 1에 0을 28개 정도 붙인 개수의 원자들은 결코 화합(化合)해서 우리를 만들 수 없을 것이다. 원자핵 속에는 양성자와 아울러 중성자도 들어 있는데, 양성자와 중성자 내부에는 쿼크라고 하는 기본 입자들이 전기력보다 100배나 강한 힘에 의해 붙잡혀 있다. 그러니까 요약하자면 우리 몸도 한 모금의 물도 137억 년 전 빅뱅 우주에서 만들어진 쿼크와 전자에서 출발한 것이다.

『도덕경』은 무극(無極)의 도에서 하나인 태극(太極)이 나오고, 하나인 태극에서 둘인 음양이 나오고, 둘인 음양이 상호 교류해 셋인 화합체가 되고, 이 셋인 화합체에서 만물이 나와 쉬지 않고 생성해 나간다고 말한다. 과학은 우주가 시작될 때 이미 기본 입자들의 종류와 입자들 사이에 작용하는 힘의 크기가 정해지고, 음양 법칙에 따라 양성자와 전자가 화합해 원자를 만들고, 원자들의 결합으로 화합물이 만들어져 생명이 태어나고 진화한다고 말한다. 놀라운 일치이다. "땅은 생물을 그 종류대로 내어라."라는 「창세기」의 기록도 물질 세계의 생성과 생명의 진화를 축약한 표현이 아닌가 싶다.

우주의 생성 원리와 자연의 기본 법칙이 도라면 그 도를 따라 137억 년 우주 역사를 통해 생겨난 한 모금의 물이나 그 도를 깨우치고자 애쓰는 철학자나 종교인이나 과학자나 모두 덕이요 득인 셈이다.

김희준 서울 대학교 화학부 교수

서울 대학교 화학과를 졸업하고 미국 시카고 대학교에서 이학 박사 학위를 받았다. 현재 서울 대학교 화학부 교수 및 광주과학기술원 석좌 교수로 재직하고 있다. 저서로는 『자연과학의 세계』, 『과학으로 수학보기』, 번역서로는 『세상에서 가장 재미있는 화학』이 있다. 2005년 '닮고 싶고 되고 싶은 과학 기술인'에 선정되었으며 2006년 국제화학올림피아드 학술위원장을 지냈다.

과학이 나를 부른다

과학과 인문학의 경계를 넘나드는 30편의 에세이

1판 1쇄 펴냄 2008년 11월 14일
1판 5쇄 펴냄 2015년 4월 3일

기획 아시아태평양이론물리센터(APCTP)
지은이 강신주 외 29인
펴낸이 박상준
펴낸곳 (주)사이언스북스

출판등록 1997. 3. 24.(제16-1444호)
(135-887) 서울특별시 강남구 도산대로1길 62
대표전화 515-2000, 팩시밀리 515-2007
편집부 517-4263, 팩시밀리 514-2329
www.sciencebooks.co.kr